光线的艺术

——摄影布光大师班

[法] 让·图可 著

张思伟 费 勃 译

中国摄影出版社

China Photographic Publishing House

图书在版编目（CIP）数据

　　光线的艺术：摄影布光大师班 ／（法）让·图可
（Jean Turco）著；张思伟，费勃译 . -- 北京：中国摄
影出版社，2018.8
　　ISBN 978-7-5179-0785-5

　　Ⅰ . ①光… Ⅱ . ①让… ②张… ③费… Ⅲ . ①摄影照
明—布光 Ⅳ . ① TB811
　　中国版本图书馆 CIP 数据核字（2018）第 199256 号

Chinese copyright ©China Photographic Publishing House, 2018
Ce livre est publié en france sous le titre <<100 plans d'éclairage >> par les éditions Dunod - 11 rue
Paul Bert - 92247 - Malakoff.

光线的艺术——摄影布光大师班

作　　者：[法] 让·图可
译　　者：张思伟　费　勃
出 品 人：高　扬
责任编辑：盛　夏
版权编辑：黎旭欢
装帧设计：胡佳南
出　　版：中国摄影出版社
　　　　　地址：北京市东城区东四十二条 48 号　邮编：100007
　　　　　发行部：010-65136125　65280977
　　　　　网址：www.cpph.com
　　　　　邮箱：distribution@cpph.com
印　　刷：天津图文方嘉印刷有限公司
开　　本：16 开
印　　张：23.5
版　　次：2018 年 10 月第 1 版
印　　次：2018 年 10 月第 1 次印刷
ISBN　978-7-5179-0785-5
定　　价：158.00 元

献给斯特拉（Stella）和安杰洛（Angelo）

———他们是我的指路星辰和守护天使。

贾可·雷诺阿

前　言

　　在如今这个数字化和影像化的世界，虚拟与现实的界限不断模糊、融合，而摄影师则是这种虚拟与现实融合过程的参与者。

　　如果说视觉的感知实际上是我们对周围布景和布光考量的外化，那么摄影艺术家的角色就因此变得更为重要，他们既是见证者，也是阐释者。

　　这是超越洞察的洞察！

　　画家、电影人、摄影师……这些影像的匠人们与光线携手，也与光线的衍生物——阴影同行；与白日的色彩共舞，也与夜晚的灰白为伴。

　　捕捉光线、塑造光线，也就需要一点知识了，我们不应该肆意妄为、放任不管，也不应该教条地墨守相机制造商的使用指南。对光线的使用权应该牢牢握在自己的手中。

　　任何艺术创作都有自己的秘诀，熟练地使用工具能推动艺术的创想。

　　本书包含了大量的建议，是作者多年经验结出的硕果。让·图可在书中就如何用光倾囊相授，用幽默的语言、简洁的论述和对实际作品的展示，带领您探索摄影世界的无限可能。

　　摄影如同烹饪，在熟知来龙去脉的基础上，肯定会打破规则即兴创作、自由发挥。

　　摄影跟厨艺一样，成功的秘诀在于赋予作品想象力和个人风格。

　　动起手来让自己接受考验吧！

贾可·雷诺阿[1]

写于卡涅

2011 年 12 月

---

1 译注：贾可·雷诺阿（Jacques Renoir），生于 1942 年，法国著名摄影师。

引 言

多年以来，我一直有一个习惯，在研讨会或者工作坊期间，我会把练习时拍摄的每一幅照片用钡底相纸冲印出来，和摄影棚的远景照片一起送给每一位参与者。摄影棚的远景照片，能让他们精确定位活动上讨论过的布光案例中所使用的布光灯具的位置和类型。

这些资料照片总是受到好评，在我曾有幸参与布置的专业摄影棚里，我经常发现书架或书桌一角放着一部分这样的资料照片，以借此避免误解，让摄影棚物尽其用。

因此，在我撰写《聚焦人体摄影》（*Zoom sur la photo de nu*，培生教育集团出版，2010）这本指南书时，我和该书编辑伊琅·德·拉斯彼得（Ylan de Raspide）都认为加入几个这样的图例可能会对阐明主题大有益处。

最终结果证明，这些拍摄方案比那些论述光线明暗应用规则的段落更能清晰地阐明"平方反比定律"——光线明暗度同相机与被摄物体距离的平方成反比。这是一个非常重要且必须要了解的定律，因为这个定律不仅能帮助我们在正确使用光线的基础上进行拍摄，还能够帮助我们评估拍摄方案的可行性。

如是种种，让我产生了编写本书的想法。在本书中，我希望图像能够指引文字，因为在《聚焦人体摄影》一书中我已经对这些问题做出了足够多的文字阐释，而且其中涉及的摄影布光这一话题也已经得到了专业媒体对其理论、设备及正确使用方式的细致剖析。

想法既成，剩下的就是对这本书架构的规划及构想其中的内容了。

本书涵盖了静物、肖像及人体摄影，我觉得这是一个合理的选择。书中不仅有一些关于照明布光的建议，还有几个小窍门，教你用很少的花费制作脚架、灯箱、反光板支架以及一些极有用处的小物件。

说到本书的论述方法，就要谈谈分类的问题了。我不愿意按照拍摄手法，或者是被拍摄主体的难易程度、不同类型或重要性依次排列这些方案，因为想拍出这些照片其实并不难。而且除了几种特殊情况外，光源类型也并没有那么重要——用卤素白炽灯能达到的效果，用闪光灯或探照灯加上或多或少的努力都能达到。

所以，在翻阅本书或浏览索引的时候，我更愿意让读者看到这本书是根据图片类型来排序，而不是根据所采用设备的不同来排序，就是避免读者误以为设备是不可替代或必不可少的。尤其重要的是，我不希望读者以为那些房间里只有一扇朝向院子的窗户或是只有一只没有灯罩的灯泡作为光源，从而觉得这本书是专门写给那些设备齐全的人看的，看到十几页时就会把这本书扔到一边。

我想再强调一点——在我看来，最好的摄影布光方案应该是和谐统一、润物无声的，它们的布光应该十分自然，让人第一眼看上去甚至忽略了光线的存在，把光线当作影像的一部分。

最后，在本书中文版的翻译、出版过程中，张啦啦女士为我与中国摄影出版社提供了非常大的帮助，对此我们深表感激。

目　录

拍摄方案 1

使用设备

背景		棕色背景纸（2）
主光		白天玻璃窗投射的自然光（1）
辅光		
遮光板、反光板、滤镜等		
机身		尼康 D2Xs
镜头		尼克尔 55mm f/1.2
全画幅 24×36mm		约 82mm
感光度		ISO100
快门速度		1/125s
光圈		f/1.2

拉丁语里有一句谚语叫"exceptio firmat regulam in casibus non exceptis"——例外证明规则的存在。长久以来，我们也常常提到一个近似的观点——能被推导、验证的事物往往不会是那些普通而常见的常识。在我看来，例外更多的是削弱了规律，但它可以成为另一种看待事物和谈论事物的方式。我引用的这句谚语可能会让各位读者误解我要表达的初衷，实际上，我要表达的是，这里采用的拍摄方案是与我通常建议的方式截然相反的方案，我希望借助这种例外来更好地对规律进行讲解。通常，在同一天、同一时间、同一地点等各项客观条件都相同的情况下，我强烈推荐的肖像摄影方案与本文所采用的方案截然不同。

事实上，拍摄方案中的肖像照时，我一直采用手持相机的方式，但对于类似这张照片中的光线条件，我并不建议采用这种方式拍摄。尽管我通常建议将镜头的光圈值设定为 f/8 或 f/11，以求最大化地发挥镜头的作用，但这里光线不足，需要使用最大光圈值。因此，我用的镜头是尼克尔 55 毫米、 f/1.2，这是一款非常出色的镜头，不需要做任何调整就可以直接使用。

注意，这里用的镜头是 55 毫米、 f/1.2，而不是 f/1：2，这两款镜头有着天壤之别，我们可以把第一款镜头比作汗血良驹，第二款则是老弱驽马。

这款镜头不仅可以在微弱的光线下进行拍摄，而且还可以实现最大光圈，拍出非常小的景深，实现"散景"（Bokeh）效果。"散景"

这个词来自日语，原意是"模糊不清"。现在很多人认识这个词是因为图像后期处理软件中有以此命名的滤镜，但在过去的 20 年里，这个词用来指代减小景深模糊背景的摄影技术。

如果你被这个摄影技巧不可抵挡的魅力所吸引，就不要犹豫，入手这种类型的二手镜头吧，市场价只需要大约 300 欧元。这类镜头的命名一般会包含"noct"，不管是尼康、佳能，还是其他知名品牌，都值得入手。徕卡也是一个不错的选择，徕卡旗下的 Noctilux 系列目前出品了 50 毫米、*f*/0.95 的镜头，这款镜头堪称完美，但就是价格高昂——7999 欧元。

取　景

拍摄时的对焦有些复杂，因为我想优先呈现出光线的明暗交替，并把明暗的分界线放在被摄者的两眼之间。取景没有遇到其他问题，

唯一的光源就是白天的自然光（1），布光被简化到了极致，仅要求被摄者的脸部角度被调整成日光只能照亮一半面孔。

感光度 ISO100，快门速度 1/125 秒，焦距 55 毫米，手持拍摄完全可以完成这一参数设定方案。

后期制作

照片被重新裁剪为我特别钟爱的 8×10 英寸的纵横比。背景右下角在裁剪后缺失了一部分，我对此进行了修正。然后，我还微调了灰度和对比度。

Traiter en noir et blanc, redresser l'image pour être parfaitement vertical, rectifier éventuellement la densité.

处理为黑白照片，并旋转照片修正方向，如有必要，调整照片灰度。

拍摄方案 2

使用设备

背景	5mm 光滑有机玻璃板（5）
主光	为拍摄而改装的带反光罩的 250W 的吊灯（1）
辅光	
遮光板、反光板、滤镜等	两块黑色遮光板（3）和（4），以及一面镜子（2）
机身	尼康 D2Xs
镜头	尼克尔 50mm $f/1.4$
全画幅 24×36mm	约 75mm
感光度	ISO100
快门速度	1/60s
光圈	$f/16$

拍摄玻璃制品不仅是一种真正的享受，也是一种巨大的放松，因为不需要使用大量的设备就能把玻璃的线条和纯度在画面中勾勒出来，这种享受和放松也由此被放大了。在一家专营意大利设计品的商店展示架上，我注意到了这些即将作为拍摄示例的杯子，因为这些杯子的杯身和杯座连接处的光线特别好，构成了有趣的阴影——以非常奇怪的方式令透过杯子而展现的倒影变形。我买了 6 只杯子，但为了避让一只可爱的黑猫，刹车太猛，结果摔碎了 3 只。这只猫可能是头昏眼花，或是疲惫不堪，或是想自我了结，它似乎在等待着我，我的车子一到它跟前，它就迅速冲上了车道。为了给幸存的杯子拍照，我把它们放在一面镜子上，

并在背后放置了一块有机玻璃板，用改造过的带高质量反光罩的吊灯从后面照亮有机玻璃板。当人们知道这是什么物品时，就能从中注意到它们的细节和形状；但当人们不知道这是什么物品时，就只能看到由抽象线条勾勒出的圆形轮廓。我的布光方式让图像的色调更温暖，打破正常的白平衡使其产生落日般的效果，这种效果又被光线的形状和靠近水平线的位置所加强。另外，如果条件允许的话，我们还可以直接采用真实的夕阳的光线来拍摄，金黄色的干白葡萄酒或纯白色的起泡酒会被拍出更漂亮的效果。香槟可以吗？！为什么不能呢，当然也并非必须用好酒来拍摄，许多小产区的酒也可以拍出好效果。

取 景

背景是一块半透明的 5 毫米光滑有机玻璃板（5），杯子被放在镜子（2）上，在无数次徒劳尝试徒手将杯子排列出最佳状态之后，我最终用尺子将它们排列整齐。在玻璃板后面放置光源（1），确切地说就是一盏由家用照明吊灯改造而成的带反光罩的 250 瓦的灯。杯子的两边放了两块黑色遮光板（3）和（4），它们创造出我们能明显注意到的杯子两侧边缘的渐变黑色，杯座与杯身的连接处更为明显。我最终用取景器检验了画面各个要素的位置，因为调控杯子的排列除此之外别无他法。相机是肯定要用三脚架固定的。

调整灯和半透明背景板的距离，改变背光的照明系统，使用彩色遮光板代替黑色遮光板，利用不同的景深等。借助这些方法，可以很容易地创造出无数不同的灯光效果，且大多数拍摄效果都很好。

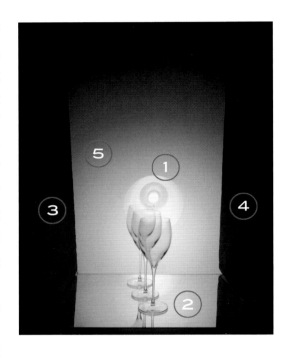

处理为正方形画面，加深颜色，然后通过调节色温让图像呈现出暖色调。

后期制作

　　图片被裁剪为正方形之后，只需要微调各
个区域的对比度和色彩浓度，而改变白平衡，
就能呈现出夕阳般的效果。

拍摄方案 3

使用设备

背景		黑色背景纸（4）
主光		750J 摄影灯配柔光箱（1）
辅光		750J 摄影灯配柔光箱（2）
		用于打亮背景的 750J 摄影灯配反光罩（3）
遮光板、反光板、滤镜等		
机身		尼康 D2Xs
镜头		尼克尔 18—70mm f/3.5—4.5 G ED　使用焦距：50mm
全画幅 24×36mm		约 27—105mm 使用焦距：75mm（近似值）
感光度		ISO100
快门速度		1/60s
光圈		f/11

翻转图像是我拍摄肖像照时经常采用的一项技术，这一技术有助于取悦顾客，让我能真正为顾客设计肖像照，而不只是把他们当作拍摄的对象。

实际上，没有任何一张脸是均匀、对称的。如今，我们可以轻而易举地用各种图片编辑软件将一张光线明亮、没有阴影的脸部肖像照从脸部正中间的位置裁切。然后把这两个半张脸的图像分别复制、左右翻转，再把复制、翻转后的半张脸和左右翻转前的半张脸拼接在一起。在绝大多数情况下，我们将得到两张完全不一样的脸部图像，这还不包括现实中发型的不对称。因为如果发型也不对称的话，那么结果会更令人惊叹。这就是那些不习惯拍照的人看到我们给他们拍的肖像照后不满意的原因

之一。

另一个加深这种效应的原因是我们只通过镜子看到自己——要么是刷牙，要么是为了找到讨喜的表情而对着镜子"做鬼脸"——但镜子映照出的样子是与实际相反的。因此，我们自己是通过镜子里左右颠倒的镜面成像来认识自己的，而这世界上的其他人则是通过正常的影像来记住我们的，这两种认知的方式截然不同。

因此顾客看到照片时会丧失对摄影师的信心，却又不得不采用这张价格不菲的、自认为没有呈现自己真实样貌的照片，而摄影师也会让顾客感到失望，进而受到不好的评价。鉴于我们不是同司法鉴定机构合作进行人体测量的摄影师，如果制作完全真实的肖像照要以牺牲

顾客的满意度为代价，那还不如让我们翻转底片或电子照片，然后把做法告知顾客，再一起分享他们看到自己最喜欢的样子的快乐。这有违真实性啊！确实是，不过这既是艺术摄影，也是商业摄影，或者我们还可以把它叫作商业艺术摄影。

生计所迫呀，伙计！

取　景

这幅被左右翻转的照片上有三处光源，而这一翻转或多或少可以佐证我在前文里提到的理论。

将两个柔光灯箱（1）和（2）的亮度调整为适合光圈值为 *f*/11 的镜头拍摄。至于打亮黑色背景（4）的聚光灯（3）则被调整为适合光圈值为 *f*/16 的镜头拍摄，所以它是唯一一个不着痕迹地勾勒模特后脑轮廓的灯光。第一个灯箱放在模特的前面，第二个放在后面，这两个灯箱都放置在距离模特1.5米左右的地方。

在活动幅度有限的动作中，模特因姿势而制造出的阴影可以塑造体态、突出身体线条。这些光线和姿势都要通过相机的取景器查看，直接用肉眼观看将会产生完全不同的立体效果。因此使用取景器查看可以避免这一干扰，防止过分高估光亮度。

后期制作

重新裁剪照片，画面背景也被处理干净了，

模特脸部的皮肤呈现出完美的状态，因为这个方向的光线遮掩了皮肤的瑕疵——在包围式的光线中这些瑕疵通常难以被发觉。模特的性征部位在水平方向的光线下凸显了出来（在其他种类的灯光下，阴影则会遮挡身体），照片边框被调整到性征部位的边缘，以削弱它在照片中的重要性。

为了对应目光的朝向，我在照片的边缘处加入了一个不闭合的光晕效果，为了实现这个效果，我大概推测出背景纸边缘在最后成片中的位置，模特摆姿势时这个背景纸放在她的身后。

将对比度和灰度调整好之后，就可以进行柔化处理。在这个阶段，作为图像后期处理的最后一步，照片被左右翻转，模特手臂的线条让观者的视线被自然地转移到模特的脸部上，并且模特的脸部朝向也顺应了我们从左至右的阅读习惯。如果观者习惯于从右至左的阅读方式，那么就应该把照片中模特脸部的朝向换个方向。

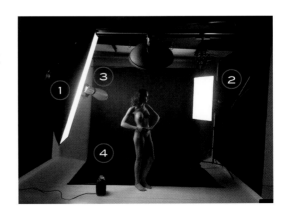

处理为暖色调的黑白照片，且清理
背景；裁剪画面，柔化处理；翻转图像
使模特的目光朝向画面的左侧。

拍摄方案 4

使用设备

背景	
主光	两盏 2000W 的摄影灯（1）和（2）
辅光	
遮光板、反光板、滤镜等	
机身	尼康 D2Xs
镜头	尼克尔微距 60mm f/2.8
全画幅 24×36mm	约 90mm
感光度	ISO100
快门速度	1/60s
光圈	f/11

您可能需要为保险承保人或展览目录图册翻拍某一幅油画藏品、某一件雕刻作品、某一张版画作品等。画作可能受毕加索（Picasso）或克莱因（Klein）的影响而使用大量颜料让画作呈现满眼蔚蓝，这个拍摄方案中拍的这幅克罗斯曼（Crossman）的画作就是这样的情况。这种拍摄方式既简单又复杂，基本原则如图所示。2 处、4 处或 6 处光源要以 45°角均匀地分布在每一侧，以避免反光和散射。理想状态下，光源应是同种类型的，投射出的光层数也需要一致。

为了检验光线的强度，尤其是光线的分布，入射测光表和反射测光表是必不可少的。事实上，直接用肉眼能看到的区域很大，眼睛会立刻适应不同的光线强度，与忠实记录真实光线情况的感光材料有很大的不同。

为了对光线进行校准，可以拿一支笔对着画作中间，然后看笔的阴影程度是否一致。

取 景

使用两盏 2000 瓦的摄影灯（1）和（2）呈 45°角放置，它们能够避免在画框的玻璃上产生无用的反光，也可避免拆卸画框玻璃，如果画作的镶框很昂贵，这个办法的好处就更为明显。但如果照片用于发表在艺术品目录或艺术书籍上的话，那么拆卸画框玻璃则是必需的步骤。

通过对Raw图像文件的处理来调整色温，因为这个拍摄方案很重要的一点就是所有的光源色温要一致。最简单但最费钱的方式就是每次都用一套新的灯，或者单独留出一整套灯每次都一起使用，而绝不拿出其中的一盏或几盏单独使用，这样就能保证这几盏灯同步老化。实际上，重要的不是光源的色温必须要精准到3400开或3200开，而是所有的光源要保持同样的色温。在数码图片和Raw文件的帮助下，我们在后期制作时可以毫不费力地调整亮度。

在取景前，你需要知道照片的用途以便拍出相应的照片，因为用于网站的照片和用于打印海报的照片差别很大。我个人认为，即使是用于网站的照片，也应力求拍出最好的品质，原因有二：第一，因为"难事能做，容易的事就不在话下"——如果我的图片文件有100兆，那么把它压缩成网站需要的大小是很容易的，但反过来则没有实现的可能；第二，不论我们拍的是3兆还是30兆大小的照片，设备的布置工作都是完全一样的，不充分利用这样的布置反而让取景受限于出片图像文件的大小，这在我看来很不明智。

后期制作

为了翻拍出纯粹且完美的颜色，避免色差，有很多工具可以使用。我用的是 QP Card 201 校色卡——简单、好用又不贵。QP Card 201 校色卡是一张包含有 30 种颜色的卡片，使用时把它放在被摄物体前进行取景拍摄。取景完成后，让软件对这幅图像进行分析，然后生成可用于其他所有图像的颜色修正的文件。这一操作简易、高效。

20110309001   20110309002   20110309003   20110309004

20110309005   20110309006   20110309007   20110309008

20110309009   20110309010   20110309011   20110309012

"Pordenone nello spazio"

拍摄方案 5

使用设备

背景	黑色背景纸（4）
主光	800J Profilux 灯配柔光箱（2）
辅光	800J Profilux 灯配柔光箱（1） 800J Profilux 灯配传统反光罩（3）
遮光板、反光板、滤镜等	
机身	尼康 D2Xs
镜头	尼克尔 12—24mm *f*/4 使用焦距：12mm
全画幅24×36mm	约 18—36mm 使用焦距：18mm（近似值）
感光度	ISO100
快门速度	1/60s
光圈	*f*/11

　　在这里，我们有理想的设备拍摄大量不同布光的照片，尤其是以人体为拍摄对象的高明暗对比度的照片。两个大尺寸的灯箱从一定的距离外打光，将被摄对象包裹在打出的光线内，营造出这类照片力求现实的效果。

　　判断打光设备和模特的相对位置通常不那么容易，其中一个办法就是作标记来标示灯架的放置位置与背景纸的相对关系。为了更容易评估距离，你需要记住背景纸宽度通常为 2.75 米，当然这一数值可能因制造商的不同而略有差别。如此一来，我们就比较容易确定模特的站位，不让模特站到背景纸（4）的边缘之外。布光时，主光（2）略微投向后方，放在离模特 0.5 米远的地方；第二个灯箱（1）用来突出模特肩膀和臀部的轮廓，放在模特身后 1.5 米远的地方。为了使光线不受现场设备的遮挡和干扰，打亮背景的灯（3）通常放在背景纸附近。

　　此外，我们还可以选择使用追光灯，配备或不配备能聚集光线的 Gobo 片都可以，这种灯光能让我们把灯放在更远的距离外并穿透有其他设备阻碍的区域。

取　景

　　在此方案照片的拍摄过程中，我想要实现的是从模特的胸部侧面打光，且只要一侧。至于辅光，它只需要勾勒出身体的轮廓，使身体从深色的背景中突显出来，并在这个轮廓中的身体上部和头部位置制造出一个更加明亮的区域即可。将打光设备放置好后，只需要让模特的胯部朝向主光，摆出一个能充分利用水平光的角度，这些水平光通过制造出来的阴影可使上半身更为饱满。模特的上半身姿势摆好后，就要设计头部的位置了。由于头部处在逆光的位置，所以在用这样的布光时脸部是不能朝向相机的。广角镜头的使用和取景时略微俯摄的效果，则增大了模特肩膀的宽度，并且缩小了胯部的宽度。

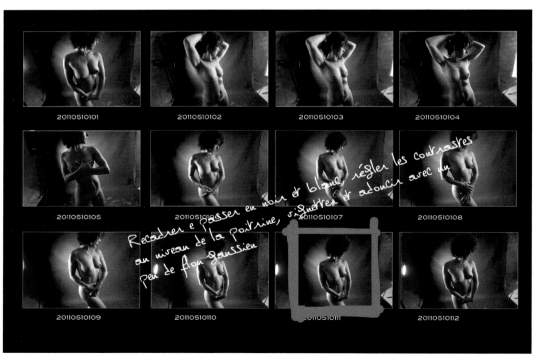

重新裁剪，调整为黑白照片；调整模特胸部的对比度；通过使用高斯模糊特效滤镜来达到晕影和柔化的效果。

后期制作

我重新裁剪了图片，降低了图片的色彩饱和度，得到一张 RGB 模式的黑白照片。我再次调整了对比度和灰度，清理了一些小瑕疵和皱纹，然后使用高斯模糊滤镜。最后，我把黑色调整为双色调模式，从而让图片呈现出更暖的色调。

不用偏振镜消除反光的方法

最近几年，计算机数码工具让从前需要了解并使用专业设备才能实现的拍摄技术变得触手可及。多亏这些数码工具，让我们的摄影后期制作变得非常容易实现。也就是说，在完成照片的拍摄之后，我们能够通过加工存储的数码文件实现我们所希望照片呈现的样子和内容。

在这些可能性中，有一点对我们非常有用，那就是消除反光。偏振镜也可能做到这一点，但并不总是能得到这样高质量的画面。需要提醒的是，偏振镜在多数情况下有效，但对于金属表面的反光则完全无效。

我们需要从不同的角度拍摄被摄对象，突出被摄对象的各个部位。由于要拍摄的图片较多，所以应当使用三脚架固定相机。

我们可以轻松实现拍摄无数张我们需要的底片，然后在后期处理时手动调整光线，创造出多个光源布光的效果。但这个操作有一定的技巧，不仅需要注意光线的协调，还需要保证阴影和反光的协调。

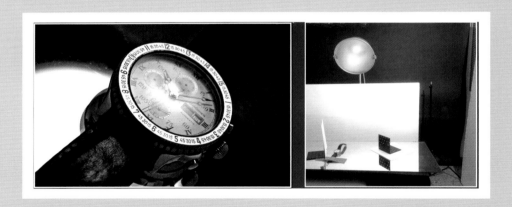

我只需要用两张底片作为示例来阐明我的观点：

第一张底片，拍摄这种类型的物体时，用传统的灯光打光，即从物体的上部和后部打光。同时，与侧面光源相对的白色反光板反射的光线也被用到此处的布光中。在远景示例图中，放在取景用的桌子上的反光板被临时移开了，因为它会挡住手表。

第二张底片，灯光被移到了能使表盘的打光更完美的位置，这样就不会出现我们不希望出现的反光。图例照片中我们能看出反光板在表盘外圈和表壳上呈现出与光源方向相反的反光效果。

这两张底片拍好后，只需在图片处理软件中将其中一张作为一个图层放在另一张上面形成重叠，然后"擦除"上面图层中我们不想要的部分，以便得到我们希望使用的下面图层的相应部分，反之亦然。弗雷德里克·达尔[2]（Frédéric Dard）可能会在他的圣·安东尼奥（San-Antonio）历险故事的某本书中玩这样的文字游戏，说成是"反者依然"。

好了，有效且不复杂！

请注意：我不希望隐瞒这点，这种操作是有风险的！拍摄手表时，最好不要把它掉地上。事实上，细心的观者应该已经发现了，我的手表缺了两根用于秒表上的表针。在照片中，这两根表针，更精确地说是秒针，其中一根掉在了表盘数字 V 的位置。这是因为在拍摄的时候，我的手表掉在了地上，两根秒针脱离了原位。我觉得自己可能需要冶金学和机械学鼻祖圣埃卢瓦（Saint Eloi）的援助！

---

2 译注：弗雷德里克·达尔，1921 年 6 月 29 日—2000 年 6 月 6 日，法国作家，代表作是以警长圣－安东尼奥为主人公的系列侦探小说。

拍摄方案 6

使用设备

背景	黑色背景纸（4）
主光	800J Profilux 灯配柔光箱（1）
辅光	800J Profilux 灯配反光罩和遮光罩（2）
遮光板、反光板、滤镜等	白色塑料反光板（3）
机身	尼康 D2Xs
镜头	尼克尔 35—70mm $f/2.8$　使用焦距：50mm
全画幅 24×36mm	约 50—105mm　使用焦距：75mm（近似值）
感光度	ISO100
快门速度	1/60s
光圈	$f/11$

塑料板是我们在摄影棚里找到的最便宜、最有效的道具。它因为轻薄，所以使用便捷，既可以用作反光板，又可以用作遮光板。如果对清晰度没要求的话，也可以用作背景板（因为它的颗粒状表面使其呈现的效果不够好）。它还可以用作遮阳板。当把设备放在汽车后备箱充电时，它甚至可以用作隔离板或保护板。当它被用作反光板（或遮光板）时，保留白色的一面，另一面则用水彩颜料涂成黑色，但绝对不能用油彩颜料。如果你使用这种类型的遮光板来遮挡打在模特身上的聚光灯光线时，注意不要让遮光板离热源太近，因为塑料对高温很敏感，遇高温会融化。我们在五金店能找到规格为 100×50 厘米的塑料板，要买最厚的板子，其厚度不要低于 30 毫米，以保证板子的硬度。

取　景

在图例肖像照里，发型是最重要的元素，用灯光突出这个发型，以便在后期制作时能不费力地进行修饰与加工。因此，简单的一块反光板（3）就能减弱头发的对比度，使我们能在这个区域内拍出适用的图像，且不会出现过度曝光或曝光不足。由于模特面部被头发反射的光照亮，所以面部保留了我们想要的对比度。一盏 800 焦的灯（2）被摆放在模特身后，打亮背景。调整这盏灯的遮光板以达到需要的效果。主光（1）被设定为适用于光圈值 $f/11$，被塑料板反射的光线会丧失相当于约 3 挡光圈值对应的光，朝向背景（4）的灯被调整为适用于光圈值 $f/22$。

后期制作

　　首先清理面部瑕疵并磨皮，然后平衡对比度，随后处理浓密的头发。在调整对比度和灰度之前，应先调整清晰度。强化晕影效果，最后调整整张照片的对比度和灰度。

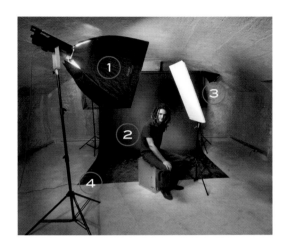

调整为黑白照片，重新裁剪；突出头发细节，增强对比度；磨皮，柔化面部，但不要柔化头发，调成晕影效果。

拍摄方案 7

使用设备

背景	灰白色纸（信封）（2）
主光	观景窗射入的自然光（1）
辅光	起居室内的自然光
遮光板、反光板、滤镜等	
机身	尼康 D2Xs
镜头	尼克尔微距 60mm *f/2.8*
全画幅 24×36mm	约 90mm
感光度	ISO100
快门速度	1/8s
光圈	*f*/16
特殊说明	相机固定在三脚架上，反光镜预升，快门遥控器

花朵不管是含苞待放的，还是盛开的，或是凋谢的，一直都是吸引人们拍摄的事物。借助花朵这个并不难获得的拍摄对象，我们能拍出非同凡响的照片，并且可以呈现出完全不同的风格。

在拍摄盛开的色彩鲜艳的花朵时，微距摄影是一种经常被采用的拍摄方式。在谷歌搜索引擎上输入"花朵照片"，就能搜到几千张质量上乘的照片。将一台不到 100 欧元的基本款相机调成"微距摄影"模式，短焦距也能拍出小景深，即使在没有任何专业知识的情况下，你也可以拍出令人惊喜的好照片。

但不要只满足于拍摄这些照片，要带着好奇心去专业书店，或者到网站上欣赏欧文·佩恩（Irving Penn）拍摄的影集《花卉》（*Flowers*）中收录的照片，或者去欣赏托尼·卡塔尼（Toni Catany）拍摄的更为独特的花朵照片。其他著名摄影师还有罗伯特·梅普尔索普（Robert Mapplethorpe）和大卫·汉密尔顿（David Hamilton），他们因不同的拍摄风格和主题而闻名于世，他们所拍摄的照片精致、唯美，会令你感到震撼，而精致和唯美也是他们无数次处理照片时所采用的原则。

取　景

给这枝干透了的玫瑰花茎拍照时，我只采用了某天下午透过纱帘的日光（1）。为了能呈现在室外无法体现的叶子的立体感，我用落地窗的单侧光布置了一个类似于迷你工作室的地方，然后遮挡住了房间里的其他窗户。我把白色的信封纸略微朝向阳光，以此作为主背景（2），然后将背景纸倾斜，露出另一部分深色背景，形成我在右边设置的深色边框，以使布局设计得充满活力。在室内拍摄的优点是我们可以安静地拍摄，可以免受刮风的影响，哪怕是感觉不到的微风。如果拍摄对象需要呈现出景深，那么照片的曝光时间就要相对增加，光圈也需要收缩。由于拍摄不可避免地会受到

按快门时相机轻微晃动的影响，造成画面清晰度的缺失，我使用了60毫米的镜头，这是拍摄这类照片最理想的镜头。

重新裁剪照片，裁掉花苞的一部分；略微加强对比度，将背景调整成棉花般的白色。

后期制作

　　我把照片裁剪成正方形后调整了背景的白色，然后稍微调暗了左边的留白，并调整了对比度。

拍摄方案 8

使用设备

背景	蓝色背景纸
主光	1000W 电影灯配遮光罩（1）
辅光	
遮光板、反光板、滤镜等	100×200cm 的白色反光塑料板（2）
机身	尼康 D2Xs
镜头	尼克尔 35—70mm f/2.8　使用焦距：50mm
全画幅 24×36mm	约 50—105mm　使用焦距：75mm（近似值）
感光度	ISO100
快门速度	1/15s
光圈	f/2.8

亚瑟·费利格（Arthur Fellig），绰号"维吉"（Weegee），尽管他是新闻摄影界的摄影家，但他只有一台相机，与我们今天用于拍摄的相机完全没有可比性，甚至经常使用都称不上是电子闪光灯的普通闪光灯来拍照。如果你没想过要追随他的足迹，而且红眼对你来说也不是一个漂亮的妆容，那就收起固定在相机上的闪光灯，或者在相机菜单里选择控制闪光灯的"关闭"模式，或者在灯光变弱时选择自动模式。在很多情况下，移动式闪光灯、电子闪光灯和补充闪光灯都是可以使用的，甚至是必不可少的，但不能用于拍摄肖像照！当然也存在例外，当照片的拍摄理念注重于美学设计时，一场有 30 到 50 张红眼照片的超大型肖像照的

展览可能含有单独一张肖像照所没有的含义。如果你对这样的拍摄计划感兴趣，请给我写信，我会告诉你诀窍。

尽管闪光灯被取下了，但还是有极少量的光线是可用的，因为"摄影"的原则，甚至是这个词的词源就是运用光线记录图像。只要有一个光源就能拍摄肖像照，在室内完全找不到光源的情况是很少见的，即使是天花板上裸露在外的用了一段时间的灯泡也能是一个不错的光源。你只需要让模特找角度站好，处在能让这束光线照亮的位置，只要站在那一个点上，就能大功告成。

取 景

　　拍摄图例照片的困难在于灯光强度不够。事实上，如果我们不希望提高感光度，那就用我一直建议的感光度ISO100，曝光量为光圈值 f/2.8、快门速度 1/15 秒拍摄充满活力的、想玩耍而不想坐着微笑的孩子，这种手法是很少见的……尽管他的母亲非常坚持地要求我们给孩子拍一张坐着微笑的照片。实话说，如果仅是为了表情需要的话，轻微的手抖影响不大。理查德·阿维顿（Richard Avedon）拍摄的著名的玛丽莲·梦露肖像照就是一个有力的证据。

　　拍摄这幅肖像照只用了一盏 1000 瓦的电影灯（1），光圈值为 f/2.8，快门速度为 1/15 秒，灯光被反光塑料板（2）反射回来。另外一种物美价廉的解决方案是用焦距 50 毫米的大光圈镜头。花 200 到 300 欧元就可以买到质量上乘的光圈为 f/1.2 的二手镜头（一定要记住是有小数点的，不要跟光圈 1:2 的基本款镜头搞混）。光圈为 f/1.8 的镜头则性价比更高，50 到 100 欧元即可买到。

　　请注意：要控制好景深，因为光圈越大，景深就越为有限，依据所用焦距、对焦距离和光圈的搭配，景深可能会有轻微的改变。

后期制作

　　这种类型的照片不需要进行太多的修改，因为模特的皮肤通常很光滑，像婴儿的皮肤一样！并且也不需要进行柔化处理，只需在重新裁剪时略微调整一下灰度与对比度即可。

处理为黑白照片，重新裁剪，考
虑是否调出晕影效果。查看眼睛
的颜色灰度，通过高斯模糊滤镜
柔化照片。

拍摄方案 9

使用设备

背景	黑色背景纸（4）
主光	柔光箱（1）3 盏 85W 节能灯
辅光	柔光箱（2）3 盏 85W 节能灯
遮光板、反光板、滤镜等	镜子（3）
机身	尼康 D2Xs
镜头	尼克尔微距 60mm f/2.8
全画幅 24×36mm	约 90mm
感光度	ISO100
快门速度	1/30s
光圈	f/11
特殊说明	将相机固定在三脚架上

购买二手器材经济又实惠，而且还很有趣。名声在外的博马舍摄影一条街（Boulevard Beaumarchais）过于火爆，想找个停车位都非常困难，所以我们可以考虑一天 24 小时舒服地在网上淘货，而且还能以令人惊讶的价格（不管是新的还是二手的）淘到作为一名摄影师能想象得到的所有东西，并且还可以通过同样的方式卖掉或交换不需要的或不喜欢的设备。只要把设备的照片放到交易公告里，就可以展示给潜在的买家看。当然，你也可以用手机或电脑摄像头拍照，但鉴于我们爱好摄影，为什么不多花一点时间来拍摄一张更有设计感的照片呢？这不需要很大的开销，图例照片所展示的，就是用两台自制柔光箱（"灯箱／柔光箱"一

节有详细的制作说明）拍出的引人注意的高质量照片，借此也能引起潜在买家的兴趣。

请注意：被拍摄的相机是不卖的，这台二手的徕卡III f 相机产于 1956 年，是我在 20 世纪 60 年代买的，并刻上了自己的名字。如果有一天你发现了价钱合理的同款相机，不要犹豫，买下来吧，因为它不仅仅是一台相机，我们还能从这个超凡脱俗的物件上获得手动操作的快乐（除了我不习惯的装卷系统设计）。

取 景

需要两台柔光箱，一台（1）用来照亮被摄相机，另一台（2）用来照亮背景（4）。镜子（3）将第一台柔光箱的灯光反射到被摄相机上，照亮了被摄相机的正前方。镜子反射的灯光亮度与原光源相比没有损失太多，但是镜子和物体之间有很大一段距离，根据平方反比定律，最终照到物体上的光的强度就有所减弱。所以，灯箱是用小光圈值对应的亮度照亮作为被摄物体的相机的，这张照片追求的光线强度的变化效果在相机右侧皮套位置上体现得最明显。

背景光线强度可以通过调整灯箱的距离来实现，比如提高灯光亮度、挪近照亮背景的柔光箱（2）、挪远照亮被摄相机的柔光箱（1）

或同时进行以上其中两种操作。

采用光圈优先曝光模式（A 挡，这里的 A 指代"孔径"），相机相应地自动调整了快门时间，然后将相机固定在三脚架上进行拍摄。

调高灰度，使被摄相机边缘呈现光线渐弱效果，检查（并调整）被摄物体上文字的清晰度。保留颜色。

后期制作

清理纸张上的灰尘是唯一需要的步骤，做
起来花不了多少时间。

拍摄方案 10

使用设备

背景	
主光	5000J 保佳（Balcar）电源箱（1） 2500J 摄影灯配银色反光罩（2）
辅光	
遮光板、反光板、滤镜等	
机身	富士 S2 pro
镜头	尼克尔 20mm f/2.8
全画幅24×36mm	约 30mm（近似值）
感光度	ISO100
快门速度	1/60s
光圈	f/16

电子闪光灯的好处就是在我们认为合适的地点、完美的南北朝向、恰当的日期和时间，可以模拟出几乎所有不同的光线。锦上添花的是，它能让我们拥有与日光相匹敌的非凡能力，还可以进行精细调整以适应不同的情况，比如根据想要的景深来设定光圈。

图例中这张在夜幕降临时拍摄的照片，在构想时是希望创造出一种让人以为这张照片是在夏日明亮的阳光下拍摄的感觉。

取　景

用一台 5000 焦保佳电源箱（1）为光源提供电力，同时配备小直径、表面镀银反光罩的

2500 焦的摄影灯（2）的高度和距离经过仔细调节，以求制造出一间阳光充足的房间的效果。唯一不足的是阴影部分的构图不够清晰，距离有点近。因为有游泳池，所以把摄影灯撤后是不可能的。而把摄影灯放在游泳池的另一边高度又不合适，灯光本来应该在这个高度上维持一个角度，如此光线才能够照亮房间。当然，也有其他解决方案，不过必须以过多使用设备为前提，但对于拍摄这张照片来说就不太必要了。

我希望拍一张完全不体现人体模特性征的照片，为了达到这个目的，模特的胸部只露出了一小部分。照片展现了模特的曲线，甚至吸引人猜想模特乳头的样子，如此一来，给浮想联翩的观者提供了重构模特全身的可能性。

后期制作

我从画面左下方的门开始裁剪，将照片裁成正方形。右边的一块玻璃门影响了照片的美感，所以把它擦掉了。对模特的皮肤则进行磨皮处理，然后运用滤镜效果祛除所用镜头产生的锐度。随后我又通过调整白平衡制造了一种偏蓝色调的效果。最后，重新调整整张照片的对比度和灰度。

裁剪图片，以一定的角度呈现身体曲线；略微拉伸照片，然后将其调整为黑白照片，让模特脸部呈现出"钢青色"。

制作配件的材料

拍摄静物的时候，经常需要在放置被摄物体的平台上放很多反光板、遮光板、镜子，甚至屏幕或材料。

当然，也有整套现成的专业设备可以放置和固定这些物品，但成本一般很高，而且并不会比我们经常使用的这些临时搭建的简易设备更好用或更容易操作。

我用这些简易设备已经很长时间了，它们渐渐取代了我以前尝试过的一些设备。三角铁架通常用来连接设备的各个部分，它在五金店能找到不同形状和重量的，我的选择就是使用最厚重的款式，它们足够沉、足够牢固、足够稳定，足以用来支撑拍摄中需要用到的屏幕或镜子。我给几个三角铁架喷了黑色哑光漆，以避免反光，但剩下几个三角铁架保留了原本的颜色。

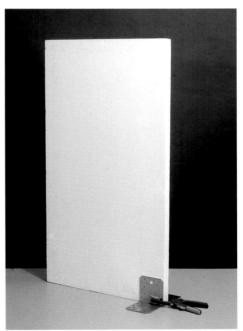

薄三角铁架的优点之一是可以用常见的夹子（如夹衣服的夹子）夹住遮光板和物件，有时候可以用来固定小的物件。

别看这些小物件毫不起眼，但通过组合这些三角铁架就可以毫不费力地固定住一米多高的反光板。

它们的价钱是多少？差不多1欧元吧，有的商店也许还有折扣呢。

拍摄方案 11

使用设备

背景	白色卷轴无缝背景纸（5）
主光	750J 摄影灯配柔光箱（1）
辅光	750J 摄影灯配柔光箱（2） 750J 聚光灯配斜切特殊背景反光罩（3） 750J 聚光灯配斜切特殊背景反光罩（4）
遮光板、反光板、滤镜等	
机身	尼康 D2Xs
镜头	尼克尔 105mm *f*/2
全画幅24×36mm	约 157mm
感光度	ISO100
快门速度	1/60s
光圈	*f*/11

当宠物主人要求为宠物拍照时，拍摄工作就成了一项困难的任务，因为宠物的主人比任何人都清楚要欣赏什么，会注意到你可能漏掉的细节。在两种情况下，这项任务会从困难模式升级为终极挑战模式：第一种情况是在准备拍摄前，宠物的主人买了或获赠一本亚恩·阿蒂斯－贝特朗（Yann Arthus-Bertrand）关于猫的摄影集，如果是拍猫的话，猫的主人理所当然地期待摄影师至少能拍出一张与摄影集里他所喜欢的图片同等水平的照片；第二种情况更糟糕，这些宠物的主人是你的朋友，是摄影师，是摄影棚里宠物的拥有者，而且他们给自己的宠物拍过不少好看的照片。他们通常在宠物小的时候帮它们拍照，那时的它们乐于被拍摄，很顺从，但现在这些都已不复存在。这就是拍摄宠物菲利亚（Philéas）的情况，纪尧姆（Guillaume）和贝蒂儿（Berthille）委托我在摄影棚拍摄这只宠物，或者换言之，拍摄这只被宠坏了的小动物。你要避免拍摄山里的鼬、貂或河狸等虽然魅力十足但很难拍摄的动物，就我所知，它们并不是很好的摄影棚内的拍摄伙伴，它们没法（至少目前还没有）在专业性极强的相机面前被拍摄。

取 景

拍摄时摆设了两盏摄影灯（1）和（2）用来照亮动物，两盏带反光罩的聚光灯（3）和（4）

用来打亮背景（5），以便制造出我们想要的白色。最低感光度和光圈值 f/11 给图像文件提供了最高的质量。拍摄这类照片唯一的麻烦就是让宠物听话，这也可以理解，宠物待在支撑柱上会感到不舒服，而我们却想让它一直待在上面，并且让它尽可能地满足闪光灯和周围人手势的要求，一会让它露出脸，一会让它站着、坐下或躺下。在拍了几张之后，菲利亚逃之夭夭，经过长时间搜寻，我们才找到它——它蜷缩在影棚的一间办公室里，看起来像是在电脑、墙角和抽屉后部构成的狭小空间中逡巡的时候不小心卡在了那。

在灯光方面，打亮白色背景以达到光圈值 f/16 所需的强度，让被摄对象达到一定的过度曝光效果。如果背景离得近，我们就要调整布光了，具体方法是通过闪光测定器来测量并控制背景反射回来的光小于光圈值 f/11 对应的布光（或

是根据被摄对象来确定具体光圈值），避免猫毛在白色的背景衬托下呈现出微蓝色的光晕。

后期制作

立方体的角度被修改，对猫眼也进行了调整。分别调整不同区域的对比度和灰度。

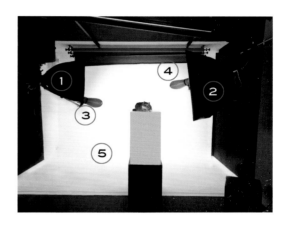

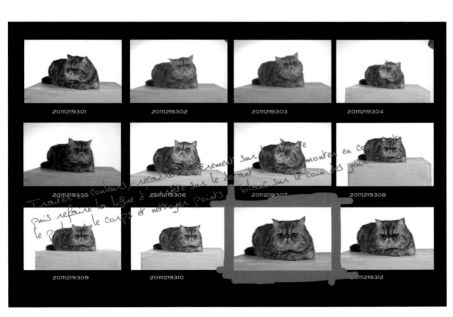

处理为彩色照片；稍微裁剪画面的右侧；调整立方体支撑柱的边缘线；调高猫毛的对比度，然后清理眼角的白点。

拍摄方案 12

使用设备

背景	黑色背景纸（3）
主光	800J Profilux 灯配反光罩和遮光罩（1）
辅光	800J Profilux 灯配反光罩和遮光罩（2）
遮光板、反光板、滤镜等	
机身	尼康 D2Xs
镜头	尼克尔 35—70mm *f*/2.8　使用焦距：50mm
全画幅 24×36mm	约 50—105mm　使用焦距：75mm（近似值）
感光度	ISO100
快门速度	1/60s
光圈	*f*/11

模特站在被布料盖住的支撑物后，拍摄这样一张半身人体照片的时候，很难不联想到让 - 鲁普·西夫（Jean-Loup Sieff）拍摄的那些传奇照片，他的作品被收录在一本叫《半身人像》（*Bustes nus*）的摄影集中，这本摄影集里的照片质量非常之高，因此第一批书一上市很快销售一空，我有幸拥有一本。（请放心，目前在网上还是能买到的，如果你缺少关于礼物的想法，并且恰好有这方面的预算，那么这本摄影集是个不错的选择。）所以，让我们向让 - 鲁普·西夫致敬，是他让这类照片声名远扬。虽然我在这里拍摄的照片布光和背景都与其不同，虽然我们不能像让 - 鲁普·西夫那样，坐等他的合伙人、杰出的照片晒印师让 - 伊夫·布列冈（Jean-Yves Brégand）为照片进行后期处理，但让 - 鲁普·西夫开创的这种照片拍摄方式仍然可以为我们所用。

取　景

主光（1）是由配反光罩和遮光罩的 800 焦 Profilux 灯打出来的，需要特别注意的是阻止灯光反射在明亮的墙上，防止因此降低对比度。另外，在这个拍摄方案实例中，我们是在位于普罗旺斯地区莱博市的一间"洞穴式"工作室里进行拍摄的，如果将照片拍成彩色的，那么房顶的石头颜色将会影响照片的色调。主光打在模特的额头和手部，亮度设定为适合光圈值 f/11。辅光的布光设备在这里看不到，我们只能注意到它的效果。将一台同主光灯相同配置的灯（2）固定在灯架上，然后放在模特身后，向上打亮模特上半身后方的背景区域。考虑到光照强度随距离增加而减弱的效果很明显，尤其在这样的拍摄条件下，大量光线会被模特的身体遮挡住。因此，为了能让黑色的背景纸（3）呈现出灰色的效果，这盏灯的亮度被设定为适合光圈值 f/32。光线调整好后，根据光线的角度调整姿势，突出模特的胸部。通过让模特脸部适当地被光线打亮来相应调整目光的朝向。而且为了平衡露出的眼白，需要调整模特的目光朝向使其不在脸部的轴线上。

竖直裁剪照片，处理为黑白照片；调整右眼部位，增强晕影效果；注意右边背景，在需要时调整灰度，去掉头发上的发卡。

后期制作

与背景为白色时我们调高边缘灰度不同，这里的边缘灰度很高。因此，为了达到晕影效果，我们要把中间的灰度降低。原片中右边边缘显得太亮了，我大大加深了灰度。模特头上的一只发卡被擦掉了，因为它除了会分散观者的注意力之外没其他用处。我还把模特的目光调整成看向边框之外，然后调整了对比度。照片被非常轻微地柔化，侧边边缘和底边边缘也被调暗，以便更好地锁住目光。

拍摄方案 13

使用设备

背景	黑色背景纸（1）
主光	250W 家用白炽灯（2）
辅光	
遮光板、反光板、滤镜等	浅色墙——白色塑料反光板（3）和镜子（5）
机身	尼康 D2Xs
镜头	尼克尔 35—70mm *f*/2.8 使用焦距：50mm
全画幅 24×36mm	约 50—105mm 使用焦距：75mm（近似值）
感光度	ISO100
快门速度	1/2s
光圈	*f*/5.6
特殊说明	自制脚架（4）

即使缺乏精良的照明设备也不能阻止一位摄影师拍摄照片，在这个拍摄方案里，我们要在没有高端打光设备的情况下拍摄肖像照。实际上，一盏最简单的白炽灯就可以满足即兴拍摄的照明需要，这个廉价的照明设备唯一可能造成的限制就是必须要用脚架（4）来防止抖动产生的画面模糊。

这里的主光是唯一的光源，来自一盏装有 250 瓦石英灯管的家用白炽灯（2）。这种类型的灯的色温接近 3200 开，但它会因为各种各样的原因而大幅度变化，其中最主要的原因就是灯管老化。如果没有温差电色度计，我们可以在处理 Raw 图像文件的软件中找到以开氏温标标注的色温。对于数码照片或黑白底片拍摄的照片而言，色温差异的影响相当小，可以在后期制作时对图片颜色进行调整，也不会对标准的黑白底片拍摄的照片造成任何不良影响。

但如果拍摄的是彩色照片，那么就绝对不能把这个光源和其他光源（日光、电灯泡光、节能灯光等）混合在一起使用。事实上，这种难以控制的混合光可能会在不同的白平衡设定下因光源的不同——日光或人工光线，造成偏蓝或偏红的色块。

取 景

布置好白炽灯（2），让它从后方照亮模

特的头部和书，以便在过道形成类似阳光照在头发上的光线效果。将 100 × 60 厘米的塑料板做成的白色塑料反光板（3）放在可以透出阴影的地方，浅黄色的墙也已经有一部分阴影了（而且它使反射光出现了多余的色彩）。一块 50 × 50 厘米的镜子（5）将部分光线反射到腿上、狗身上和扶手椅的扶手上。镜子基本可以反射 100% 的光线（要留意折射光造成的阴影），而塑料板则会反射大约 2/3 的光线，根据塑料板放置距离的不同可以获得不同强度的反射光。

当模特摆好了姿势，就需要对宠物多些耐心了，因为让宠物摆姿势可不像让它的主人摆姿势那么容易。

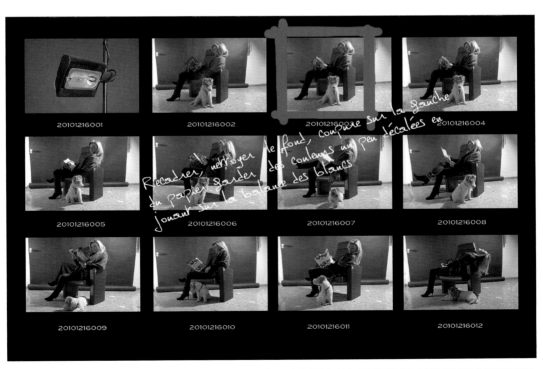

重新裁剪、清理背景，从照片的左边分割，通过调整白平衡让照片呈现出的颜色与现实中物体所呈现出的色彩效果产生轻微的差别。

后期制作

在重新裁剪照片后，我略微修改了看起来太过光滑和单一的背景，以增强立体感；在不同区域调整整张照片的对比度和亮度。然后对图片进行柔化处理，再将其调整为双色调模式以呈现出更暖的黑白效果。最后把图片调回 RGB 颜色模式。

拍摄方案 14

使用设备

背景	蓝色背景纸（4）
主光	1000J 单筒摄影灯，去掉反光罩（1）
辅光	
遮光板、反光板、滤镜等	深灰色遮光板（2）和黑色遮光板（3）
机身	尼康 D2Xs
镜头	尼克尔 35—70mm f/2.8 使用焦距：35mm
全画幅24×36mm	约 50—105mm 使用焦距：50mm（近似值）
感光度	ISO100
快门速度	1/125s
光圈	f/16

图例照片是为一个"昨日、今日和明日之树"的主题展览拍摄的，这是一个关于绘画、雕刻和摄影的集体展览，这张照片是展出的系列照片中的一张。这棵李子树生长在我回家的路上，我想利用这根野生李子树的树枝创造出一个新的物种。需要说明的是，它的果实特别酸涩，不招人喜欢——想尝试生吃或根据法国美食家让 - 皮埃尔·柯菲（Jean-Pierre Coffe）的著名菜谱《吃水果的幸福》（*Au bonheur des fruits*）做成果酱是行不通的。

通过让观众对照片的主题和夸张的颜色产生好奇感，我想要为这个"竞争"激烈的展览创造一幅能抓人眼球的摄影作品。在几次使用不同的水果和对水果经过不同的摆放尝试之后，我觉得一棵"鸡蛋树"能够实现我的构想，尤其是在蓝色的背景（4）下。

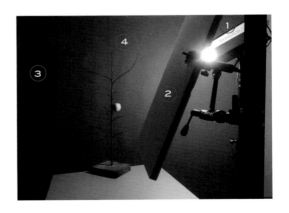

取 景

木头基座凿好洞之后就可以摆放鸡蛋了。为了实现这个操作，我煮了六七个鸡蛋，煮这么多可能显得有点谨慎，但最后证明这是个明智的决定，因为煮熟的鸡蛋不太能承受螺丝刀钻头（"牺牲"了两个鸡蛋）的力度，也完全不能承受电钻（"葬送"了一个鸡蛋）的力度。当把它穿在树枝上时又损失了一个鸡蛋，所以在拍摄开始之前我就已经吃了四个煮鸡蛋。如果不爱吃鸡蛋的话，那么这会是拍摄工作中最困难的事情。而且别忘了加盐，如果我们不想浪费的话。

剩下的事情就没有太多困难了。没有反光罩的摄影灯（1）被用来提供最大程度的照明，深灰色遮光板（2）被稍微挪动了一点以避免镜头多余的反光；第二块黑色的遮光板（3）被放在"树"的旁边，通过限制围绕物反射的光来增加对比度。深灰色遮光板（2）在取景时被包含在照片取景区域里，目的是制造出照片边缘的垂直线。

后期制作

我把图片的一个新建图层涂成蓝色，然后把这层半透明的蓝色盖在鸡蛋和底座原本的颜色之上。我调整了每一个图层的对比度和灰度，以得到想要的作品，然后压缩照片，整体调整。

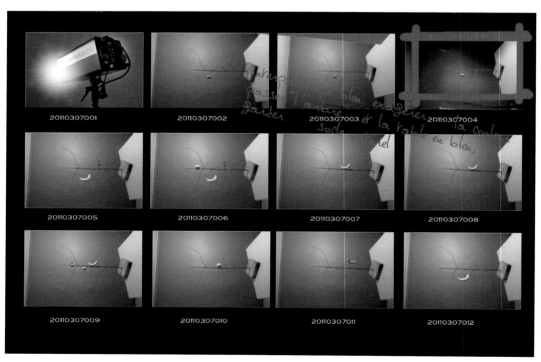

用蓝色阐释照片。夸张地使用蓝色，把"树"和桌子都涂成蓝色，但保留底座的原色。

拍摄方案 15

使用设备

背景	黑色背景纸（4）
主光	750J 爱玲珑（Elinchrome）摄影灯配柔光箱（1）
辅光	600J 摄影灯（2）和（3），配反光罩，打向背景
遮光板、反光板、滤镜等	
机身	尼康 D2Xs
镜头	尼克尔 18—70mm f/3.5—4.5
全画幅 24×36mm	约 27—105mm
感光度	ISO100
快门速度	1/125s
光圈	f/11
特殊说明	雷达罩（5）不参与本方案的照明

"……这位模特太棒了！她是谁呀？"

"她叫奥罗尔（Aurore），是艺术家协会的模特……"

担任了十几年的艺术家协会会长，我对这个评价及这个问题感到特别愉悦，对我而言，这个协会是个能让人心态平和并充满安全感地投身模特摄影和人体艺术最理想的组织，对模特和艺术家来说都是如此。然而，在愉悦之外，这样的评价又容易让我对被评价的摄影作品产生疑问，原因很简单，观者看到的并不是我拍的照片，而是我拍的模特。

这就是拍摄模特，特别是人体摄影面临的最大困难。怎样才能确定我们是不是越过了艺术的边界触及了人体欣赏的领域？这不容易，

一方面，在做这种判断时我们既是"裁判员"又是"运动员"，不太容易做到完全客观；另一方面，当我们评价赫尔穆特·牛顿（Helmuth Newton）、西夫、波提切利（Botticelli）、安格尔（Ingres）或莫迪利安尼（Modigliani）的人体摄影作品与放在书店最高一层书架上的杂志里的人体摄影作品时，我们的评价习惯必然会有倾向性。

因此，他人如何看待我们的作品才是我们需要在意和自我反思的。我会留意雇我拍摄的顾客或我临时邀请的模特，是否愿意把我们合作完成的人体摄影照片很自然地展示给到访的亲友和父母观看。

图例照片的主光是一台柔光灯箱（1）。

另外两台灯（2）和（3）只用来打亮背景，即把黑色照成灰色，因此模特身上的光要调成适合光圈值为 $f/1\frac{1}{2}$ 的亮度。背景纸（4）没有完全展开，不是为了节省，而是有意为之，我特意留下了有之前使用过的痕迹和破损的部分。那些不喜欢欧文·佩恩的读者会质疑他为何不在给杜鲁门·卡波特（Truman Capote）拍照之前清扫一下摄影棚，或者在给让·谷克多（Jean Cocteau）拍摄那张非凡的肖像照之前换一下背景布。而我就是在效仿佩恩的做法。远景布置示意图中显示出的雷达罩，没有在这次布光中使用。

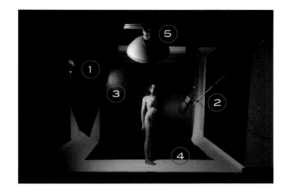

后期制作

裁剪之后对照片进行修改，这一工作主要针对背景，突出背景纸上的裂痕。随后照片被柔化，合并原图层并使用高斯模糊滤镜的图层，调整灰度以得到最终所呈现的效果。再次调整灰度和对比度，最后将在双色调黑白模式下进行后期修正的图片重新改回 RGB 模式。

20110411201 20110411202 20110411203 20110411204
20110411205 20110411206 20110411207 20110411208
20110411209 20110411211 20110411212

Traiter en noir et blanc chaud; refaire coupe du papier de fond
sur la gauche et valoriser la déchirure, lisser au niveau
de la cuisse et de la hanche, adoucir, vignetter.

处理为暖色调黑白照片；重新裁剪左边的背景纸，突出裂痕；为模特大腿和臀部磨皮，然后柔化，增强晕影效果。

背景灰度的调整

背景相对于打亮它的光源位置而言，对灰度的影响更明显。比如说，当我们在公寓里设置一个"自然光"摄影棚时，参照光线射入的窗户处，背景的灰度或多或少会发生变化。如果背景略微朝向窗户（1），肯定比它朝向对面的墙（2）亮，这样的角度不需要很大。根据周边物体和周边物体产生的反光或其他反光的不同，背景的位置可以呈现出适应不同光圈值的灰度。如果可以关上不直接参与照明的百叶窗，我们就能很容易地用几块反光板制造出打亮被摄物体整体的有效光线。

为了阐释我上面提到的观点，我把一个通常用来做反光板的白色塑料板作为拍摄对象。首先让它被单一光源打亮，塑料板和光线之间

的角度大概呈 60°，将光源放置在距离被摄物体较近的地方，这样足以照亮物体，并在被照亮的区域中间形成一个布光热点。如果我们想要得到前面章节描述的从窗户中射入光线一样的效果，只需要一盏大功率的摄影灯作为光源就可以了。

如 55 页的几张照片所示，我在对着光源的位置上放了一块黑色的幕布来避免多余的反光。在这样的拍摄条件下，我们会发现，被拍摄的塑料板会随着摆放位置的不同而从呈现为白色逐渐变为呈现为黑色。只要背景的表面质量合格，就可以通过调整朝向，制造出黑白之间任意灰度的效果。

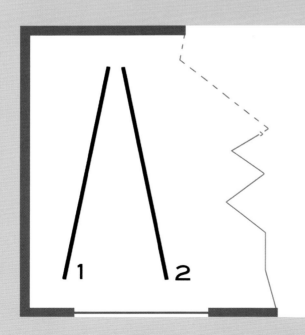

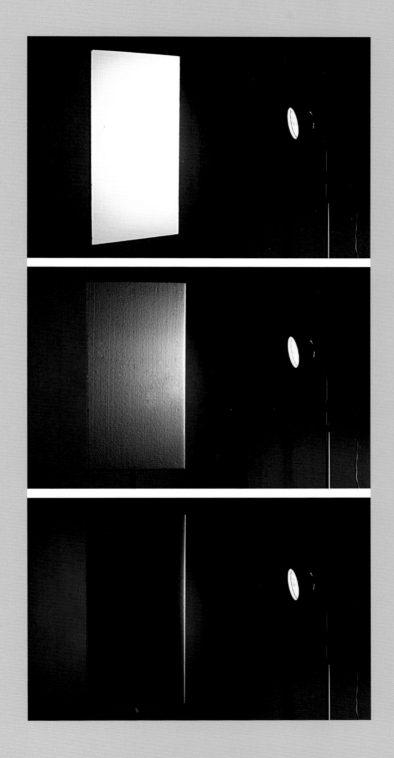

拍摄方案 16

使用设备

背景	黑色背景纸（4）、黑色塑料板（6）、镜子（5）、纸（3）
主光	1000W 风冷电影灯（2）
辅光	2000W 风冷电影灯（1）
遮光板、反光板、滤镜等	
机身	尼康 D2Xs
镜头	尼克尔微距 60mm *f*/2.8
全画幅 24×36mm	约 90mm
感光度	ISO100
快门速度	1/30s
光圈	*f*/11

鱼是个极好的拍摄对象，安的列斯群岛海外省的卖鱼货摊就给我留下了瑰丽多彩的回忆。但不用去那么远，我们也能在本地的市场或超市找到出色的适合拍摄的鱼，不管是鲅鱼还是带鱼，不管是鳀鱼还是火鱼，应有尽有。

通常应该选择新鲜且可以烹调的鱼，但不要把拍摄拖到第二天，理想的拍摄时间应该在买到鱼之后。

考虑到下面的操作有些复杂，需要全身心投入，为了取景而准备摄影棚就很有必要。事实上，把鱼放到闪光灯下就不可避免地会让闪光灯沾上鱼腥味，因此准备一盒 50 或 100 双的外科手术手套和几卷厨房纸是你绝不会后悔的预防措施！

大脑要时刻想着不要浪费时间才能保持"模特"的新鲜度，在鱼买回来之前就应该想好并调整好灯光。拍摄图例照片用了两盏摄影灯：一盏 1000 瓦（2）的用来照亮鱼，另一盏 2000 瓦（1）的用来打亮背景。

取 景

灯光是提前设置好的，"装饰"是一张康颂牌（Canson）黑色纸（3），并将其放在涂成哑光黑色的塑料板（6）上。镜子（5）是"餐盘"的终点，为了映出黑色的背景纸（4）。在纸上，镜子的斜面构成了一条笔直的线，而用纸的话很难得到这么直的线。这面镜子对我们来说非常大，它能帮助我们获得一个黑色的光亮平面，并且不用担心在拍摄过程中被水打湿。康颂纸的优点是如果它湿了或脏了很容易替换，拍摄这类题材经常会遇到这种情况。多准备几张这种纸是个不错的预防措施，而且这种纸在摄影棚里总是有用的，不会浪费。

曝光没有什么特别的难度。我们可以通过挪远或挪近一盏或两盏摄影灯来让打在背景上和被摄鱼体上的光呈现出不同的亮度。

相机固定在三脚架上，把反光镜设定为预升。因为以 1/30 秒快门速度拍摄，反光镜上升引起的相机抖动比用更长的曝光时间（比如几秒钟）产生的抖动对拍摄的影响更大，这是因为如果曝光时间更长，那么抖动发生的时间在整个曝光过程中占的比例就会相应变小，抖动的影响因此变得微不足道。

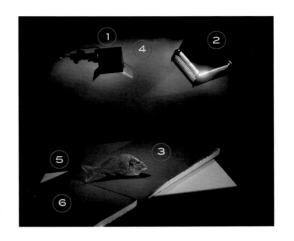

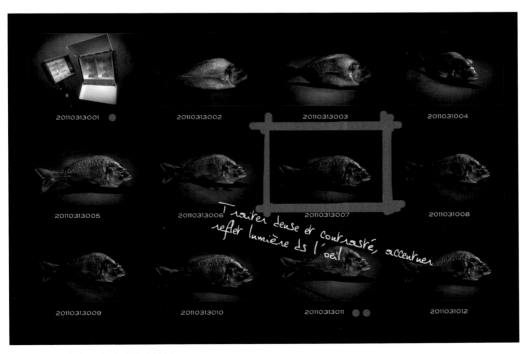

处理灰度和对比度，强调鱼眼中映出的光。

后期制作

　　损失了一点清晰度的鱼眼被重新修饰，然后在照片整体灰度调整前再次调整鱼身的对比度和灰度。

拍摄方案 17

使用设备

背景	黑色背景纸（4）
主光	250W 持续光造型灯配柔光箱（1）
辅光	250W 造型灯配银色反光罩及挡光板（2）
遮光板、反光板、滤镜等	屋顶反射光（3）
机身	尼康 D2Xs
镜头	尼克尔 35—70mm $f/2.8$　使用焦距：40mm
全画幅24×36mm	约 50—105mm　使用焦距：60mm（近似值）
感光度	ISO400
快门速度	1/30s
光圈	$f/2.8$
特殊说明	将相机固定在三脚架上

只用闪光灯里的造型灯管作为光源看起来可能有点笨（在条件允许时，舍本逐末放弃享受闪光灯的大功率和便利也的确是挺笨的）。不过在现在这种情况下，有两个原因让人自愿做这件笨事。第一，因为没有转接环将闪光灯装在碘钨聚光灯上，这盏聚光灯是我在普罗旺斯地区莱博市的欧洲人体摄影节上用的，本书中的部分照片就是在摄影节上拍的。第二，充分发挥镜头功能的时候，通常不能使用功率太大的闪光灯，这时可以考虑采用造型灯管产生的光来拍摄，它由灯光调节器控制，可以非常精准地调校，因而有着不可忽视的优点。但要注意色温，因为随着闪光灯里造型灯的使用时间不同，其色温可能就不再是初始值，这会造成颜色质量的不平衡。当然，如果把照片处理为黑白的，那就没问题。

取 景

主光为放在我们左边灯箱（1）的灯光，它打亮了模特右侧的身体。屋顶的高度限制了它的位置，为了能校正屋顶光线（3）射入的角度，我选择了一个让模特脸部倾斜向下的姿势，这样就可以通过调整角度把阴影投向所想要投的地方。我想要它只打亮胸部，遮住骨盆的区域，让这个区域显得较暗，所以模特得把骨盆转向背光一侧。通过调整模特上半身的位置，让肩膀向前方微斜，以此实现的灯光效果让模特胸部突显出来。模特手臂的位置，尤其是手臂在身体上的阴影也被精确地调整了，这样身体的整个侧面都被打亮并且在背景中突显出来。辅光为配银色反光罩及挡光板的 250 瓦造型灯（2）的灯光，朝向背景（4）。当我们看照片时，热点在模特右边肩膀平齐的位置。主光被调整为适合光圈值 $f/2.8$，照在胸部，背景光被调为适合光圈值 $f/5.6$。

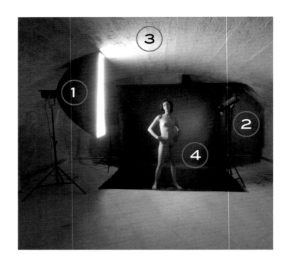

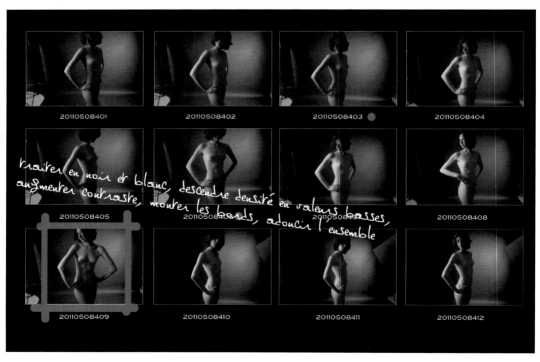

处理为黑白照片；调低灰度，提高对比度；提升边框，柔化整体。

后期制作

　　这张为了能用低数值处理的已经被照亮的照片不需要进行大的修改了。我只是调整了对比度和灰度，然后用我常用的滤镜将整个画面柔化。其做法是在原图上新建一个透明图层并使用高斯模糊滤镜，使其呈现出的效果如同使用了哈苏滤镜一般。

拍摄方案 18

使用设备

背景	黑色背景纸
主光	800J Profilux 灯配窄柔光箱（1）
辅光	800J 摄影灯配银色反光罩和挡光板（3）
遮光板、反光板、滤镜等	白色塑料反光板（2）
机身	尼康 D2X
镜头	尼克尔 18—70mm G ED f/3.5—4.5　使用焦距：50mm
全画幅 24×36mm	约 27—105mm　使用焦距：75mm（近似值）
感光度	ISO100
快门速度	1/60s
光圈	f/11

一般来说，有文身的模特是个不错的拍摄选择，即使他不一定愿意暴露身体，但一般也不会反感展示他对文身艺术的贡献。文身是一项艰难的艺术，迦本（Gabin）在电影中扮演的厄格朗伯爵（comte Enguerand）及阿梅代奥·莫迪利安尼（Modigliani）扮演的路易·玛丽·德·蒙提尼亚克（Louis Marie de Montignac）等角色普及了这门艺术。阿梅代奥·莫迪利安尼当然还演过很多别的跟文身无关的角色，但您看，咱们经常不记得其他的角色！

拍摄中可能碰到的问题是文身图案的位置和方向，因为它们经常是被文在身体相隔甚远的不同部位，或者文身的位置呈现在相机取景框里时会处在取景框对角线的两侧。如果在房间拍摄，至少需要几面镜子，但用这些镜子拍摄的话，很难一次突出一个以上的文身。

取　景

两个光源都是使用 800 焦的无敌霸套装（kit Mutiblitz）Profilux 灯。第一盏摄影灯（1）作为主光，然后以它为基准调整其他灯光。它适用于光圈值 f/11，被放在模特的前方。摄影辅光灯（3）装有银色反光罩，被放在模特的后面，用适应于光圈值 f/22 的亮度打亮背景。白色反光板（2）打亮模特脸部后方和肩膀，突显从这里开始一直延展到背部的文身。

后期制作

照片被重新裁剪，调整为黑白色。然后调整模特身上两处文身和脸部的对比度，再轻微柔化画面，用高斯模糊滤镜减弱不同区域的灰度。最后运用晕影效果，并且调整灰度。

处理为黑白照片；通过提高对比度突显文身，背景调整为晕影效果。

拍摄方案 19

使用设备

背景	白色塑料反光板（3）
主光	美兹（Metz）迷你闪光灯（1），配白色反光伞（2）
辅光	
遮光板、反光板、滤镜等	
机身	富士 S2 pro
镜头	尼克尔微距 60mm f/2.8
全画幅 24×36mm	约 90mm
感光度	ISO100
快门速度	1/60s
光圈	f/11

在蒙福尔拉莫里（Montfort L'Amaury）一年一度的旧货节市场上，我发现了一盏带包装的小闪光灯，质量很好（尽管是个很老的牌子——美兹 20B3），机身和散光板都是新的。我用 5 欧元买下了它。这是个可以跟反光伞组合在一起的设备，用胶带缠上两三圈就能固定住，可以获得理想的反光，柔和、覆盖广且易于使用。

在哪里购买这种类型的二手闪光灯呢？对我而言，最理想的就是个人寄卖、以物易物的集会，或者是旧货市场。网上铺天盖地的二手货广告有两个缺点：第一，不能看也不能试用，这就可能造成麻烦，如果一个不到 10 欧元的闪光灯到手时是坏的，就只能扔掉了。第

二，一旦买下后，卖家得寄给你，令人相当恼火的是快递费比闪光灯还贵。

当您起个大早去市场上淘闪光灯时，别忘了带上一板五号电池用来试闪光灯，对心仪的闪光灯要相信自己的第一印象，一般准没错。如果闪光灯被随意放在货物箱或纸箱里，或是被遗弃在一堆跟摄影毫无关联的物品中间，或是因为没能得到精心呵护而造成明显的划痕，或是脏兮兮的还有刮痕……即使卖家向你保证它能用，我建议还是不要买了，去下一家看看吧。事实上，闪光灯供大于求，你不要犹豫展现自己苛刻、挑剔的一面，这能反映出你更喜欢新机器、大牌子，比如美兹、新霸（Sunpak）或博朗（Braun）这些闪光灯制造大品牌，以

及尼康、佳能、美能达和宾得等相机和专用闪光灯制造大品牌。不过要注意闪光灯的接口要能连接标准电源线路，而且还要能通过同步线连接到相机上。

闪光指数（GN）：闪光灯的商标上标有具体的闪光指数，是反映闪光灯功率大小的指数之一。一个对选购闪光灯大有帮助的办法是，要仔细核实这个指数，一般能在闪光灯身或说明书上找到。

闪光指数是什么意思？它是怎么运作的？很简单，拿美兹45CT闪光灯和这里使用的20B3闪光灯举例，这两款闪光灯的商标上都标着数字：第一款是GN45，第二款是GN20。这实际上就是闪光指数，它有助于手动操作闪光灯。这个指数是指当闪光灯在1米的距离使用，并且感光度为ISO100时光圈的打开程度。通过闪光灯与拍摄对象的距离来划分闪光指数，我们可以得到一个合适的光圈值。比如3米的距离，第一款我们就用光圈值 f/16，第二款用光圈值 f/5.6½。

取　景

这种笼罩拍摄物品的布光方案让拍摄变得简单，使用相对高的曝光速度拍摄图像不会出现抖动，你还可以让被拍摄物品摇晃或沿着自定轴线转圈。但要注意打在背景上的阴影，尽管这种类型的照明方式不容易看出来。而且不要在摄影棚里制造太强的环境光线，因为我们是用相对低的曝光速度和曝光度组合拍摄的，太强的光线可能会带来麻烦。理想状态是只保留一个很弱的环境光来取景，而且要确认它比所选择的曝光度至少低4到5挡。

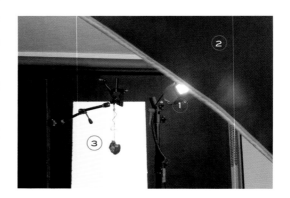

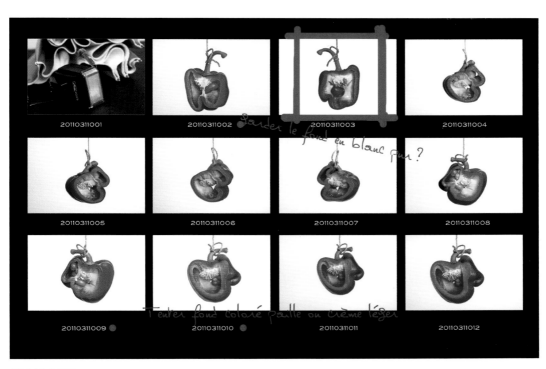

保留纯白色背景。
尝试彩色背景，如草黄色或浅黄色。

后期制作

    控制红椒籽的对比度，在需要时调整背景的白色，选择一种更适合的配色，除此之外就没有什么其他要做的了。

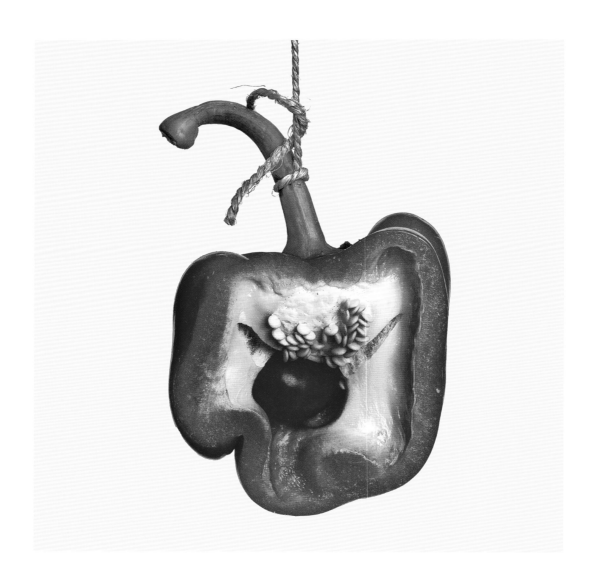

拍摄方案 20

使用设备

背景	黑色背景纸（3）
主光	800J 摄影灯配反光罩及挡光板（1）
辅光	800J 单头摄影灯配遮光罩（2）
遮光板、反光板、滤镜等	
机身	尼康 D2Xs
镜头	尼克尔 80—200mm *f*/2.8　使用焦距：100mm
全画幅 24×36mm	约 120—300mm　使用焦距：150mm（近似值）
感光度	ISO100
快门速度	1/60s
光圈	*f*/11
特殊说明	摄影灯（2）被放在模特后面，被固定在灯架上

　　帮摄影师拍肖像照可不容易，并不是因为一个人没办法既擅长摄影又擅长摆姿势，恰恰相反，我有幸认识一些模特，他们在很多年里为了成为优秀的摄影师，乐此不疲地尝试摄影。由于他们在模特领域有着丰富的经验，因此他们在拍摄其他模特时会有非常明显的优势。所以，这类摄影的困难在于摆姿势的被拍摄的摄影师，不管是职业的还是业余的，都或多或少比较谨慎，他们经常会出于好奇来看我们是怎么拍摄的，会比其他人更倾向于去设想正在拍摄的照片会有什么样的结果。问题就在于对拍摄成果的好奇往往分散了他们的注意力，致使他们不易把注意力放在我们这些拍摄者身上。更不用说那些拍过很多肖像照片的人了，他们

能分毫不差地知道对称轴在哪，并坚持认为在对称轴下拍的照片是完美无缺的。为了达到最好的效果，他们亲自设计姿势。然而，与文森特·图洛特（Vincent Toulotte）一起拍照则没有这样的问题。当他从相机后走到镜头前的时候，他就成了最理想的被摄对象，更成了为他拍摄肖像照这件事本身之外的额外欢愉。

取　景

　　模特胡子刮得像是个典型的抽雪茄的人，像大家印象中帕斯卡的蒸馏烧酒工人，突出修理过的毛发看起来挺有意思，要做到这点，需要用能够塑形的灯光制造出完整的阴影，借

此通过突显最细微的皮肤轮廓的变化来增加胡须的清晰度。强烈建议这种灯光不要用在女士身上，不管是相对年轻的女性还是年幼的女孩，都不适合这种布光，如果是年纪大的女性就另当别论了。我刚展出了 60 多幅寄宿在养老院的老人们的肖像照，他们平均年龄 91 岁，使用这种灯光完美地突出了他们的面部表情。所以，图例照片的主光用的是配反光罩及挡光板的 800 焦摄影灯（1），并将其调整到适合光圈值 ƒ/11。背景则被模特身后不带反光罩的摄影灯（2）打亮，这盏摄影灯被放在一个矮灯架上，朝向背景纸（3），并将其调整为适合光圈值 ƒ/22。

从眼睛上方处裁剪照片，处理为黑白照片；强调胡须，遮住衬衫上的一颗扣子；在照片上部做出背景边缘的效果，并在背景上做出裂缝效果。

后期制作

这种沿着发际线裁掉一部分额头的处理是相当困难的，额头的位置得处在所有因素都平衡的地方。比如，过多的额头或者不足的眉毛上方的空间，都会以令人惊奇的方式改变照片的效果。衬衫上的一颗扣子被抹去了，因为在我看来（不过这很主观）它会破坏整体平衡。就跟拍摄花一样，实际上我更喜欢衬衫上的扣子的个数是奇数，尤其是白色或在构图中有自己的角色位置时更是如此。另外，还有一个可能会让强迫症者难受的事情：我在背景纸上做了一道裂痕！因为我觉得这个人为的技巧让画面构图更稳定（我可能是看了太多有关构图的书，而且还有可能没读懂），剩下的处理就没有什么特别的难点了。

不全是白色……也不全是黑色

当我们看到一个熟悉的知道它的颜色的物体时，不管光照亮度是多少，我们看到的都是已知的颜色和灰度。举例来说，我们看纸的颜色就是机器制造出的白色，哪怕它被放在明亮屋子隐蔽角落处的阴影里。

摄影设备还没有达到视觉完美的程度，这使得我们可以游弋在两种光线的强度差距中（一种打亮拍摄物品的光和一种打亮背景的光），从中调整灰度，如果符合了我们的拍摄计划，那么就用光线勾勒出被摄物体的轮廓并制造晕影效果。

下面的图示是由 12 个分为两部分的正方形组成的。左边部分是用黑色哑光纸做的，右边部分是用灰白色纸做的。为了呈现出正确的色调差异，我们设定 f/11 的光圈值是定位对比的基准。

对于增加 1 到 5 挡光圈值的主要拍摄对象，通过让白色背景曝光不足，呈现出从灰色一直过渡到黑色的各种细微差别。同样的方法，让黑色背景曝光不足，我们就可以把它变成带有细微差别的白色背景。

这种技术经常被用来清理有点脏的白色背景，例如纸或卷轴无缝背景纸，只需要过度曝光就能获得干净的白色。举例来说，如果背景上的污点对应的是图示中 +3 那一格，你会发现通过过度曝光 2 挡光圈（到 +5），灰色的部分就会消失。

这也是我经常采用的技术之一，但这次用的是黑色背景来处理我的照片背景。所以，我会根据不同的灯，如追光灯、配 Gobo 片的灯、束光灯、配挡光板的反光罩、笔形灯等，相对于被摄物体过度曝光背景，一直到获得想要的灰度。

第二幅图例一方面能让人意识到在黑色纸上过度曝光的效果，另一方面也能让人注意晕影的重要性，至于最终呈现过度曝光效果还是产生晕影效果，取决于使用的塑形布光的类型。

在这个例子中，我们可以把聚光灯的后部看作是主要被摄对象，它对应的光圈值是 f/8；背景中被照亮区域中心（+4）对应的光圈值为 f/32。

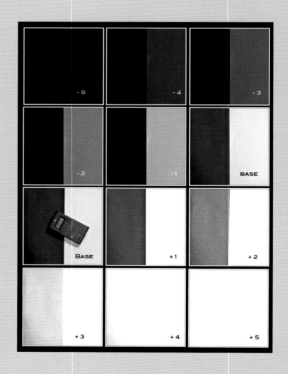

请注意：在取景时，检查一下设备的功率，而且检查要从调整背景开始，因为它决定了主要光线的强度。假设，最亮的光源不能超过让背景达到适合光圈值 f/8 的亮度，而你还想获得跟图例一样的效果，那就要把主要被摄物体的曝光度从光圈值 f/8 调低 4 挡，也就是光圈值 f/2—除了引起景深的问题之外，这可能还会给光源带来问题，因为光源的强度不能调成这么低。

但如果从打亮拍摄物品开始的话，很可能得把光圈调为 f/8 到 f/11 之间，在这种情况下，你就不能有效地照亮背景了，它会一直是非常黑的背景。

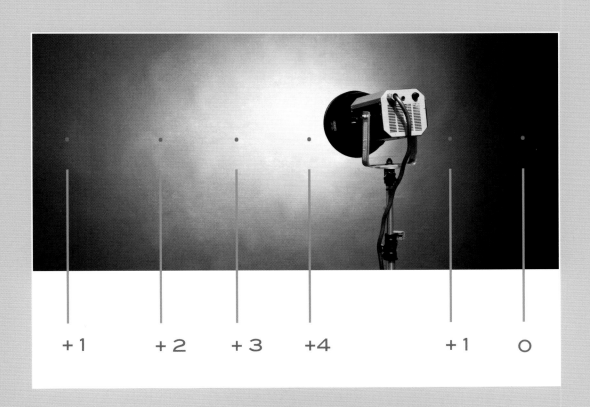

+1   +2   +3   +4   +1   0

拍摄方案 21

使用设备

背景	白色卷轴无缝背景纸
主光	1200J 摄影灯加雷达罩（1）
辅光	
遮光板、反光板、滤镜等	
机身	尼康 D2Xs
镜头	尼克尔 35—70mm *f*/2.8　使用焦距：50mm
全画幅 24×36mm	约 50—105mm　使用焦距：75mm（近似值）
感光度	ISO100
快门速度	1/60s
光圈	*f*/11

　　如今在模特面前只摆一个光源的做法很流行。在拍摄人体照片时，这种打光方式能避免阴影，这也正是这类照片所追求的效果。但不限于此，在时尚摄影方面也是如此，我们甚至会用围绕镜头的环绕式灯光或环形闪光灯。

　　这种放在面前的单一光源产生的效果令人着迷，灯光打在身体上会产生反射，形成一种特殊的隆起。由于不能立刻找到可拍摄的人体模特，我们可以在鸡蛋上测试这个效果，然后我们会发现鸡蛋的轮廓会随着它移向边缘而变暗，在边缘尽头时变为黑色。

　　怎么做到的？为什么会这样？这个现象叫什么？就在我脑子里，但我想不起来了。我费劲地想了半天……"什么也没有。"我的朋友乔梵尼（Giovanni）可能会拖长音这样强调，

或者说"啥也没有"，像他在磨坊边狩猎时说的那样！简而言之，我没想起确切的叫法，也没想到它的科学解释。这么说吧，反射回来的光会呈现一定的角度，它们通过这个角度射到被摄对象上，有点像皮球打到墙上被弹回来的道理一样。于是我们就能明白，如果它们射过去的光线正好在被摄对象对面，就会原路反射回来；如果它们是斜着射过去的，有角度，那么反射回来时就会散开。

　　清楚了吗？可能还没有，现在我不是很会解释，因为我觉得这在摄影艺术的实践中并不是最主要的，我就解释到这了。谷歌或许能给好奇的完美主义者们把剩下的问题解释清楚。

取　景

　　加雷达罩的 1200 焦摄影灯（1）被调整为适合光圈值 $f/11$，放在模特身体中轴线的上方。在这个位置使用塑形灯光，会在脸上、鼻子及下巴下方制造出阴影，但这些阴影要处理一下，才能让它们和谐地铺开。具体来说，鼻子下方的阴影应该只占鼻子下方与上嘴唇之间空间的一半，其他可能会令人不舒服的阴影是背景纸上模特身体的阴影。图例照片裁剪设定的范围是到胯下十几厘米处。所以只需要让模特站在离背景有一定距离的位置，让阴影比裁剪位置更低就可以了。如果我们想要裁剪到更靠下的位置，则需要让模特往前移动，就可以得到阴影位置更靠下的效果。在这种情况下，还应该改变模特脸部的倾斜角度以调整鼻子阴影的位置。

后期制作

　　按取景时的构想进行裁剪，照片被处理为黑白，在双色调模式下调暖色调，合并原片图层并使用高斯模糊透镜的图层达到柔化效果。然后同时调整对比度和灰度。

　　我们可以在成片上注意到模特与光线呈约 90° 的区域（模特脸颊、身体外部曲线等）中显出的阴影。这种我们乐于见到的效果正是这种布光的功劳。

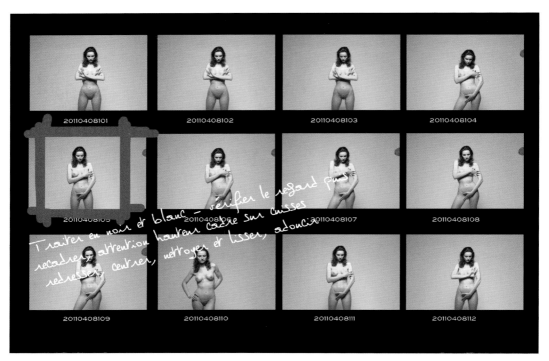

20110408101   20110408102   20110408103   20110408104

20110408105   20110408106   20110408107   20110408108

20110408109   20110408110   20110408111   20110408112

处理为黑白照片，检查目光朝向，然后重新裁剪，注意大腿的裁剪高度。竖直，居中，清理，磨皮，柔化。

拍摄方案 22

使用设备

背景	黑色背景纸
主光	500W 工地聚光灯，调整为 250W（1）
辅光	500W 工地聚光灯（2）
遮光板、反光板、滤镜等	一块白色反光板（3）
机身	尼康 D2Xs
镜头	尼克尔 85mm $f/2$
全画幅 24×36mm	约 125mm
感光度	ISO100
快门速度	1/125s
光圈	$f/11$

工地聚光灯可以有效照亮人的面部，人们可能没想过把它们用在摄影上，它们确实不够完美，但它们显而易见的优点就是性价比，高到让我们能忽略它们的缺点。而且这些缺点也不会真的造成严重的拍摄障碍，大部分的缺点都可以被弱化，甚至可以完全消除。

这些灯的色温（CT）本应该是 3200 开的标准，但可能因为配置的石英灯管的产地不同而在 2500 开到 3500 开之间。总而言之，这些灯可以被用作家用补充照明甚至工业照明，但肯定不是用来拍彩色照片的。不管怎样，如果这些灯产地一致，并且老化程度差不多，那么自动白平衡就能较好地调整它们的色温，不管它们是 2500 开、3000 开还是 3400 开。也就是说，只要我们不把两个或多个色温相差非常大的光源一起使用，那么最后的布光效果对于色温的专业性和精确性的影响就不会特别明显。而且坦率地说，如果我们使用这样的工具进行照明，还要求一定得达到专业水准的布光质量，那么就显得有点不合理了。但坦率地说，用这种照明工具还想追求专业水准的灯光质量，也不合理。在我看来，只要保持一致就可以了，如果真的要追求专业效果，那么只需要无可辩驳地证明我们配置的设备不一样就可以了。

总之，这个不到 5 欧元的工地聚光灯拍黑白照片没有什么问题。

取 景

为了不让帽子的阴影挡住眼睛，主光（1）需要被放得相对低一些。

为了使模特鼻子的阴影朝下形成眼睛下方的三角形光影效果，需要让模特略低一点头。用来制造背景灰色区域的灯光也要调整，因此需要改变 500 瓦工地聚光灯（2）与背景的距离——手里拿着曝光表，直到灯光达到比脸部灯光高两挡光圈值的位置。至于脸部的打光，是用一盏 250 瓦的聚光灯做到的，它原本那500 瓦的灯管被换掉了，这样更容易产生光的强度差异。

　　白色反光板（3）放置在能让头部后方产生阴影的位置，接近耳朵，并保留耳朵与眼睛之间脸颊位置阴影的相对灰度。

处理为暖色调黑白照片，清除左边的聚光灯，晕影，不用柔化，突出胡子。

后期制作

把照片裁剪成取景时构想的尺寸。对脸部和颈部进行轻微柔化，因为这个打出较硬朗阴影的灯光显露出了皮肤最明显的痕迹，除非这些痕迹是绝对完美的，而且是在化妆后呈现出来的，否则保留这样的皮肤瑕疵不美观。对帽子进行调整，因为它的材质有很多浅色的细小的点，像灰尘，所以它们被毫不留情地清除了。照片左侧加重了晕影效果。

拍摄方案 23

使用设备

背景	中灰色背景纸（3）
主光	600J 摄影灯配窄柔光箱（1）
辅光	600J 摄影灯配窄柔光箱（2）
遮光板、反光板、滤镜等	
机身	尼康 D2Xs
镜头	尼克尔 28mm f/2.8
全画幅 24×36mm	约 42mm（近似值）
感光度	ISO100
快门速度	1/250s
光圈	f/11
特殊说明	通常用来打亮背景的摄影灯（4）在这里没有使用

在摄影这门艺术中，总是可以寻求更高的难度和更卓越的高度，以至于人们在介绍自己的照片时，只放眼于并且只谈论这样的技巧。但如果你的兴趣不在于追求摄影艺术的高度，也可以简单高效地在摄影棚里拍照，摄影棚能让你将注意力放在模特和他的姿势上。柔光灯是特别适合拍人体的一种塑形灯，其灯光能掩盖皮肤上的小瑕疵，从而柔化了照片，简化了后期处理的工作。为了能达到最好的效果，柔光灯被布置在被摄对象旁边。将它挪远，就像图例照片里的一样，我们只保留了一部分的光照，没照亮太大的区域，也没有形成光照的热点，而是把光源变成了大型反光板的效果。使用柔光箱灯光可以很柔和，如果拆掉两个柔光

箱，灯光会变得很硬朗。

取　景

中灰色背景（3）是处在阴影里的，只有两个柔光箱反射回来的光线打亮它，尤其是在这个位置上的柔光箱（1）。这个柔光箱实际扮演了主光的角色，它的作用是打亮模特颈椎、脸部后方、后背、手臂和大腿，而且需要侧放在相当高的地方，以在大腿处制造大量的阴影，但如此一来产生的亮度会被降低。另一个柔光箱（2）也要放在高处，从前往后打光，它照亮的是模特脸部、胸部上方和腿部下方。

模特的背部要弓起来，尽可能地与胸部

脱离，胸部也不应该挨在大腿上，如此才能
从背景中突显出来。模特的右臂要合拢，手
要放在与腹部平齐的高度上。这样我们就制
造出了阴影，也因此消除了由于这种姿势而
导致的身体的自然褶皱。脸部的倾斜角度是
根据灯光的明暗对比来设定的，如果我们不
想产生不好看的阴影的话，布光的明暗对比
就会限制脸部可活动的幅度。

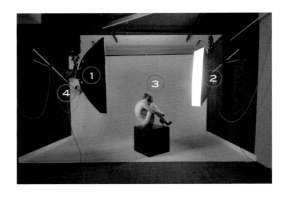

把照片裁剪成立方体处在照片中间，柔化并利用晕影效果突出背部。

后期制作

这张照片的后期没有什么要做的，就像大部分在摄影棚拍摄的照片一样，这里使用了广角拍摄。使用柔化滤镜，随后重新调整对比度，因为这样的滤镜可以平衡不同数值的灰色。最后，运用了晕影效果，使照片上半部分比下半部分颜色更淡。

拍摄方案 24

使用设备

背景	黑色背景纸（3）
主光	800J 摄影灯配柔光箱（1）
辅光	800J 摄影灯配反光罩打亮背景（2）
遮光板、反光板、滤镜等	
机身	尼康 D2Xs
镜头	尼克尔 50mm f/1.8
全画幅 24×36mm	约 75mm（近似值）
感光度	ISO100
快门速度	1/60s
光圈	f/11

有部分镜头因为一些奇怪的原因或不被人所知而无人问津，有点像村子里不同家庭的纷争，来自小村庄、小村落、小镇子的人们从父亲到儿子等几代人以来一直相互看不顺眼，但没有人真正知道这样的敌视来自于哪里以及为什么。50 毫米的尼克尔镜头就属于这样的情况……可能是因为它的光学构造太简单了，因此非常普通，100 多年前它就被用来搭配24×36 毫米画幅的相机机身了。奥斯卡·巴纳克（Oskar Barnack）在 1914 年使用这种镜头拍摄 35 毫米的电影横向胶片，在"一战"后的 1925 年，他就用徕卡（Leica）[由徕茨（Leitz）和相机（Camera）的前音节组成，因徕茨公司得名] 这个名称来宣传这款镜头。

20 世纪 60 年代出现了使用广角镜头的潮流，比如让 - 鲁普·西夫在时尚界极为成功地使用了这样的镜头，吉勒·卡龙（Gilles Caron）则用这样的镜头拍摄出了展示战争的照片。也许我们会认为他们技术好是因为用了好镜头，因此就有了不切实际的可以与他们的天赋匹敌的幻想。数码技术的到来，以及像素感光元件代替银盐感光材料的趋势所带来的画幅尺寸的变化，也改变了 50 毫米镜头能拍摄出图像的视角。在这样的变化下，50 毫米镜头的视角缩小到了和 35 毫米镜头的视角近似，却同 75 毫米镜头一样能够覆盖超过 1.5 倍的焦距。在新技术下，不再被广泛使用的 50 毫米镜头却因此变成了数码时代拍摄的绝佳设备，可以呈现出不再人云亦云的效果，一支焦距 80 毫米、光圈值为 f/1.8 的镜头简直是肖像照爱好者的福音。

请注意：这里讨论的是视野而不是景深，因为一支 50 毫米的镜头焦距总是 50 毫米。尽管模糊圈不同，光学定律会确保清晰度不会随着机身的变化而有很大的改变。

取 景

光线强度调整好后，将模特身上的光线（1）调为适合光圈值 $f/11$，再打亮背景中心区的光（2），将其调整为适合光圈值 $f/16½$，中心区的位置要达到模特颈部的高度。然后根据想要获得的衣服的逼真程度来安排模特的位

处理为黑白照片，重新裁剪，平衡上半身及每一侧的脸颊；通过提高对比度来做硬化处理，如果照片偏出构图框架则按需要加入晕影效果。

置，随后定位头部的位置，并注意模特眼睛上部摄影灯的反光位置（如果我们用手表表盘来描述眼睛内的反光位置，就是 10 点或 11 点钟的方向）。

最后就剩下抓拍合适的目光了，不管模特表达什么情绪，眼神总是被凝固在快门按下时的那 1/400、1/800 或 1/1000 秒。

后期制作

什么都不用做！采用取景时的构图，成片就是传感器里最初的样子。

拍摄方案 25

使用设备

背景	5mm 哑光半透明板（3）
主光	1200J 灯箱连接保佳 A2400J 电源箱（1）
辅光	600J 笔形灯连接保佳 A2400J 电源箱（2）
遮光板、反光板、滤镜等	白纸，放在白纸固定架上的白色纸板（4）
机身	尼康 D2Xs
镜头	尼克尔微距 55mm *f*/2.8
全画幅 24×36mm	约 85mm
感光度	ISO100
快门速度	1/60s
光圈	*f*/5.6
特殊说明	注意自制脚架的使用

纯白色的背景一般不太容易实现，因为背景通常需要很大甚至特别大，但如果我们想要拍摄小物品，有一个不怎么花钱并且有效的办法就是从背后照亮一块半透明的板子（3），这种板子在五金装饰建材市场可以买到。板子要求 5 毫米厚，且朝向镜头的一面是哑光的，其拍摄效果就像专业摄影棚里用来拍摄小物品的发光透写台那样，却不会那么笨重。我们还可以很轻松地用这种方式做出不同颜色的背景，只需要选用想要的颜色的光源来照亮半透明的背景板就行；也可以通过控制光源靠近照片边框两端来制造有趣的晕影。用这个设备时，一方面要注意灯光的分布——通过调整光源和背景的距离来实现；另一方

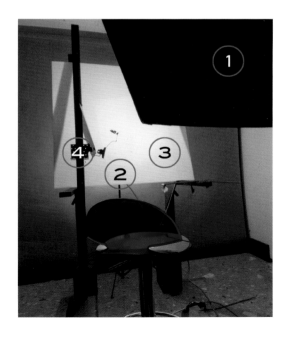

面要确保背景的光线（2）强度与主光的强度之差不能超过半挡光圈，以避免被摄对象最细微的轮廓上出现不好看的光晕。

取　景

确定好了照片的构图，调试背景上光的亮度和分布。安放好树叶，确认它的纹理细节被透明板和打亮它的主光（1）突显出来。取景我用的是微距镜头，并选择用 ƒ/5.6 的光圈值来设定树叶纹理细节的清晰度，让它成为拍摄对象内部最突出的部分。

后期制作

我根据取景时设定的尺寸重新裁剪了照片，调整了背景灰度的一致性。然后调整了树叶纹理的灰度和对比度，随后轻微调整整体饱和度，一直到我觉得比例完美。

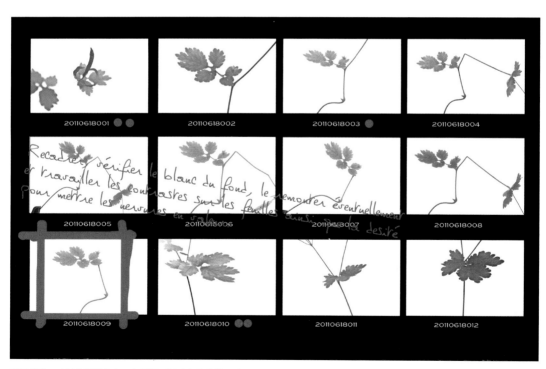

重新裁剪，确认背景的白色，在需要时提高白色的饱和度；处理树叶的对比度和灰度，突出纹理。

传统银盐相片冲印室和数码照片冲印室

对于照片冲印室，我总是怀有特别的激情，因为只有在这个摄影阶段，照片才会呈现出我们取景时所设想的样子。使用负片不是一个特别复杂的操作，我们在不乏难度的冲印过程中慢慢磨炼出让我们直接洗出想要的照片的能力。但传统银盐相片冲印则不一样，它需要时间和金钱，需要平衡那些在连二亚硫酸盐的味道中为了好照片奋战的夜晚和与伴侣约会的冲突。种种回忆，你的内心深处会发现数码冲印的非凡魅力，尽管价钱高，但心甘情愿接受照片处理软件的花销是完全合理并且有益于美满的家庭生活的。

事实上，这不是它唯一的优点，现在的冲印室再也不会满是化学试剂的味道了，它的名字叫 Photoshop，可以轻松地实现所有外行人觉得不可思议的效果，光影如魔术般在显示器上化腐朽为神奇。

图例想要展示"后期制作"能实现的最低限度的效果，原片在我看来只能用于战争报道、生日宴会或人体解剖学研究。

重新裁剪为正方形尺寸后，我把照片进行了全面清理，即消除了在我看来会干扰视线的东西，比如斑点（1）（2）（3），然后重新平衡了（4）和（5）区域的灰度，在提高照片四周（8）灰度之前略微调亮（6）和（7）区域。

在我对不同区域进行调整之后，我又整体调整了对比度和灰度，以达到我想要的效果。

照片最终被修改为双色调模式，混合了"潘通黑 Black 6C"和"潘通灰 Warm Gray 7C"。

总结和比较：除了传统银盐相片冲印可能需要修正的错误，用这种方式处理的照片跟我可能会用放大器调整的负片是一样的。区别仅在于为了得到最终成片而采用的所有步骤：用蔽光框修改、颜色渐强变化、曝光变化都让我花费不少时间，且消耗了大量的照相纸。而这里，这种对数码照片的修改方式只需要十几分钟，还有无可比拟的"前翻"功能，以及可以在没达到想要的结果时"返回上一步"的功能。

请注意：我对使用 4×5 或 8×10 英寸规格的传统照片充满热情，总是扫描负片进行数码化后再使用它们。通常我会先用传统方式拍摄，然后用数码技术处理，这是个好办法。之后我还会再提到，这是唯一一个快速有效保留底片档案的方法。事实上，我把 15 年来拍摄的底片都整理成了数码文件，可把我累坏了。

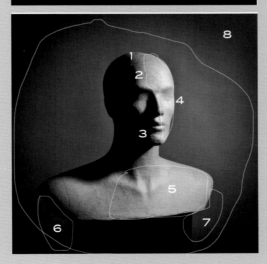

拍摄方案 26

使用设备

背景	黑色背景纸（3）
主光	800J 摄影灯配 100×35cm 柔光箱（1）
辅光	保佳 1200J 笔形灯（2）
遮光板、反光板、滤镜等	
机身	尼康 D2Xs
镜头	尼克尔 80—200mm f/2.8　使用焦距：80mm
全画幅 24×36mm	约 120—300mm　使用焦距：120mm（近似值）
感光度	ISO100
快门速度	1/250s
光圈	f/11

　　笔形灯是一种特殊的摄影灯，没有反光罩却备有一个电源箱——确切地说，是保佳A2400 焦电源箱，这个设备尤其适用于室内拍摄，因为可以用它代替家用灯泡的灯光。这种摄影灯非常适合这里所展示的例子：一方面，因为很容易将灯藏在模特的头部后面；另一方面，因为它不仅仅能打亮头发，还能打亮背景。我们通过调整背景、摄影灯和模特头部的距离与空间平衡，以及灯的功率得到想要的效果。注意不要让模特头发过度曝光，否则会让头发失去清晰度，并且会让头发裹在一团偏蓝的光里，很不好看。

　　对于没有这些设备的人而言（也就是对看本书的 95% 的摄影师来说），也没有问题，只要用一盏传统的装有反光罩的摄影灯照向头发，用另一盏摄影灯照亮背景就可以了。

　　对于没有闪光灯的人来说，还有一种可能性就是用安在床头灯上的 500 瓦的灯泡（不要灯罩），但这就要求要有一个一动不动的模特（不要期待用这种方式给你多动的孩子拍照）和一个稳固的三脚架，以及要小心翼翼避免模特头发过度曝光。

　　对于那些甚至没有 500 瓦灯泡或可拆卸灯罩的床头灯的人来说怎么办呢？爱开玩笑的人会这样问我！这也没有问题，只要他们直接跟我联系，我就把一开始提到的笔形灯借给他。

取　景

　　没有什么特别的，只需要通过摆放笔形灯
（2）开始调整布光，为了使它不出现在照片
里，并且以希望达到的数值照亮背景纸和模特
头发，背景纸要选择深色的［黑色最好，（3）]。
我们用光强度调节器调整它的功率，以使它在
头发处的光照适合光圈值 f/16，背景的光圈值
达到 f/22 和 1/2 秒。然后在合适的高度放置灯
箱（1）以获得与光源相对的眼睛下方三角形
的阴影，以及闪光灯在眼睛内 10 点钟到 11 点
钟方向的反光。灯箱的光被调整为适合拍摄脸
部的光圈 f/11。

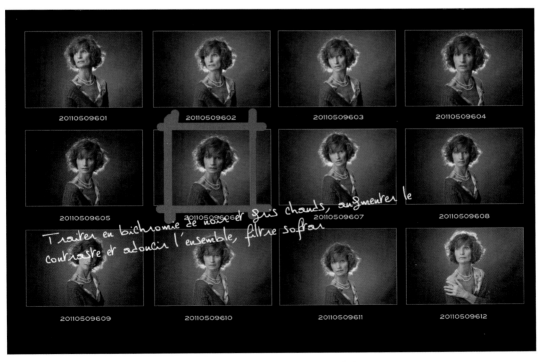

处理为暖色调，黑色和灰色双色调模式；提高对比度，柔化整体，使用 Sofstars 滤镜。

后期制作

图片被修改为混合了"潘通黑 Black 6C"和"潘通灰 Warm Gray 7C"的双色调模式。重新调整对比度，略微磨皮，整体使用滤镜以得到更柔和的照片。不需要做晕影效果，因为背景的光本身就产生了我们想要的晕影效果。

拍摄方案 27

使用设备

背景	旧木板碎块拼接成的背景（4）
主光	1000W 风冷电影灯（1）
辅光	一面镜子（2）
遮光板、反光板、滤镜等	一块保护镜头不受多余光影响的遮光板（3）
机身	尼康 D2Xs
镜头	尼克尔 85mm $f/2$
全画幅 24×36mm	约 127mm
感光度	ISO100
快门速度	1/60s
光圈	$f/11$

　　每个月的第一个星期日，是意大利阿维亚诺市的集市（Mercatino ad Aviano）开集的日子。一次集市上，阳光明媚，我发现了这些小瓶子。我在卖家眼皮子底下摩挲了它们好久，暴露了我对它们强烈的渴望之情，于是不出所料，我用跟要价比一分钱没少的价钱买下了它们。考虑到它们已经给我带来的和我能从中获得的愉悦感，虽然多花了些钱，但不管怎样，还是很划算的。

　　对我而言，跳蚤市场、旧货摊或旧货集市是静物摄影的"藏宝库"，我经常会带着满脑子的拍摄构想和一堆旧货从那里满载而归。别人，特别是家人，要是在家里的柜子里看到这样的东西，肯定毫不犹豫就把它们扔到垃圾桶里了。但对我来说，这些旧货一进入我的视线，

它们的曼妙形状与和谐的组合就能激发出我无限的兴趣。

　　摄影万岁，杂物仓万岁，旧货市场万岁！

取　景

　　我想要创造花园小屋的感觉，为此，我用了四块回收利用的旧木板组成背景，这四块木板（4）是通过重新扳直的旧钉子钉在一起的。摆好小瓶子的线条，布置好柠檬水瓶的塞子和蜗牛，我把灯光（1）设置得让光线尽可能地水平突出木板的表面。灯光调节好之后，我用镜子（2）反射光线，在木板背景上打出一束光线，找到最小的几个塞子的高度。光圈 / 曝光组合确定没有问题后将相机固定在脚架上使用。

后期制作

我构想中要把照片裁剪成正方形，所以在根据木板整修照片前，我就按这个尺寸裁剪好了照片，木板上由于有水平光线而显现出了凹凸不平的质感，以吸引人的目光。随后我重新调整了瓶子的对比度和灰度，调亮了白色标签。镜子反射出的过于强烈的光需要弱化，但不能完全消除。除了标签上的红色，照片上的颜色都被轻微降低了饱和度。最后，我用高斯模糊滤镜对不同区域进行降低清晰度处理，照片的四角被加上了晕影效果。

我通过滤镜减弱了清晰度，滤镜是以按不同区域使用的高斯模糊为基础的，照片的四角做出晕影效果。

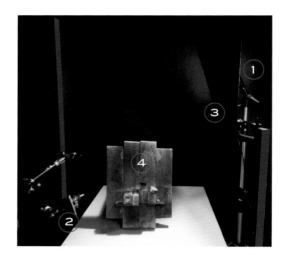

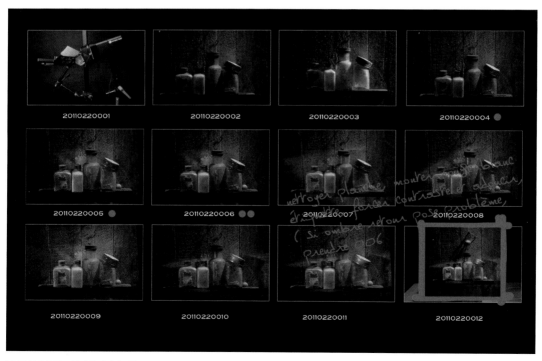

清理木板背景，提升红白色标签，强化对比度，柔化照片（如果阴影的反射有问题，那就用 20110220006 号照片）。

拍摄方案 28

使用设备

背景	黑色背景纸（1）
主光	电影灯（2）
辅光	
遮光板、反光板、滤镜等	塑料板（3）和白纸（4）
机身	富士 S2 pro
镜头	尼克尔 50mm *f*/1.2
全画幅 24×36mm	约 75mm
感光度	ISO100
快门速度	1/30s
光圈	*f*/11
特殊说明	将相机固定在脚架上

描绘静物是很特别的，最伟大的画家们都尝试过，要么以静物为对象作画，要么让静物在作品中当配角。擅长画静物的画家们达到了如此高的艺术高度，以至于让人一听到他们的名字就会联想到他们的静物画——这显然说的就是夏尔丹（Chardin）、克拉斯（Claesz），或者离我们年代更近的莫兰迪（Morandi）等名家。

如果说静物被绘画界视若珍宝，那么摄影界对静物关注则远远不足。如果我们在网上用"静物"的不同叫法作为关键词去搜索，看看搜索出来的结果，就能证实这个结论。

经过一番努力寻找之后，我们还是能发现一些以静物为拍摄对象的绝佳摄影作品，它们可能是欧文·佩恩、曼·雷（Man Ray）或托尼·卡塔尼的作品。还有罗伯特·梅普尔索普和大卫·汉密尔顿的杰作，其中一些有争论的或者会引起争议的人体在他们精妙绝伦的静物作品中反而沦为了配角。

静物到底是什么呢？

有一个完美的定义，是这方面的专家查尔斯·斯特灵（Charles Sterling）于 1952 年总结的，他写道："……一幅真正的静物画诞生于画家下决心选择它作为绘画主题，并且围绕它组织一组实物造型的物品的时刻。在画家创作的那个时间和空间上，他赋予物品各种各样的精神投射，而他的作品就是他内心深处愿景的外化——让我们感受他面对这些物品和对它们进行组合时隐约体会到的诗情画意。"

只需要把画家改成摄影师就可以了，一切尽在不言中！这是个需要尝试的摄影类型，绝对是！

取　景

对于这个图例，我希望简单些，花销也不要太高：用一盏二手的电影灯外加几个刚刚煮熟的马铃薯就可以了。主题简单，布光则是将灯（2）布置在高处，就像夏日的太阳一样耀眼。然后将一块大规格的反光板（3）放在被摄物体对面来制造阴影，从而减弱对比度。

摆放好两块切好的马铃薯，使水平光线打亮它们的表面，以突出立体感。杯子则被放在能突出它的阴影和反光的位置。接下来突出银叉子的装饰花纹。把一张普通的白纸（4）放在取景范围之外紧挨被摄物体的地方，这样可以充分反射光线，同时在叉子手柄上制造出白色的反光。

曝光没有什么特殊的要求，将相机固定在脚架上，使用A挡拍摄，设置好光圈，让相机自动调节曝光时间。

后期制作

选好照片，对图片进行精心裁剪，并加深杯子映在桌上的影子的对比度。

重新摆放盘子的位置，放到靠近背景边缘处。

处理为黑白照片，增强叉和刀的反光，也可以加上宝丽来边框效果。

使用设备

背景	黑色背景纸（5）
主光	800J 摄影灯配柔光箱（1）
辅光	800J 摄影灯配柔光箱（2） 800J 摄影灯配挡光板（3），放在黑色遮光板后
遮光板、反光板、滤镜等	一块 100×50cm 的黑色塑料板（4），保护模特不受摄影灯（3）余光的影响
机身	尼康 D2Xs
镜头	尼克尔 35—70mm *f*/2.8 使用焦距：50mm
全画幅 24×36mm	约 50—105mm 使用焦距：75mm（近似值）
感光度	ISO100
快门速度	1/60s
光圈	*f*/11

让模特正对着镜头是个冒险的事情。事实上，这样的站位会让模特显得有点胖，效果就像显示器屏幕的宽度自动适应调节功能，它会拉宽图像，使其占满整个显示屏的区域。即使我们通常会推诿这种构图下出现问题的责任，说苛刻的光学原理才是这种现象的"元凶"，但这种现象还是会出现。

我们可以通过制造阴影区域来降低这种效果，因为阴影会遮住模特身体的中部，这张照片运用的灯光就属于我认为很合适的灯光。

放置并调整好两盏摄影灯，为了更改暗区的大小，只需要让模特向前或退后就可以了，我们会看到这个简单的动作将彻底地改变照片的样子。

取　景

主光（1）跟模特身高等高，用接近 90°的角度照亮模特；而辅光（2）则更靠后放置，突出被摄主体的作用甚于照明的作用；第三盏摄影灯（3）是用来处理背景的，要在背景切割出的边缘处制造一个亮区，要求光线朦胧模糊，可通过反光板配备的挡光板来实现这种效果，挡光板应打开到适度的位置，如果关闭得太多，则会挡住太多的光。800 焦的摄影灯打在黑色的背景纸（5）上，用最强的亮度来制造适应光圈值为 *f*/22 的布光。挡光板难免会有漏光，为了避免这些余光打在模特身上，一块遮光板——确切地说是塑料遮光板（4）——

被放在摄影灯和模特之间。这些塑料板一面会
被涂成黑色，另一面保留了它们原本的白色。
在展示的图例中，黑色的一面被摆在了模特身
后，因为白色可能会反射摄影灯（2）的光线，
从而减弱对比度。

　　将布光调整为灯箱亮度适合光圈值 f/11，
背景光适合光圈值 f/22，然后对模特的站位进
行调整，以便让其胸部呈现出我们想要的布
光效果。然后将脸部调整到能被准确曝光的
位置。

重新裁剪并处理为暖色调的黑白照片，提高对比度，柔化照片。

后期制作

为获得取景时肉眼看到的效果，我调整了对比度和灰度。不需要精修的情况很少见，因为传感器的成像效果无法做到完全像眼睛一样，目前人眼的性能仍然远远超过机器（但这个优势能保持多长时间呢？）。人眼能更容易看出颜色减弱的细微差别，而传感器则有掩盖差别的趋势。使用高斯模糊滤镜对照片局部进行柔化。

拍摄方案 30

使用设备

背景	白色背景纸（2）
主光	摄影灯配反光伞（1），接保佳 A2400J 电源箱（3）
辅光	
遮光板、反光板、滤镜等	
机身	尼康 D2Xs
镜头	尼克尔 35—70mm *f*/2.8　使用焦距：50mm
全画幅 24×36mm	约 50—105mm　使用焦距：75mm（近似值）
感光度	ISO100
快门速度	1/60s
光圈	*f*/11
特殊说明	番茄酱（5）、电子快门线（4）

我留意意大利潘格里瑞（Paglieri）公司的菲斯安娜（Felce Azzurra）沐浴露瓶子的线条很久了，这是我最喜欢的沐浴露，但不知道怎么布置、拍摄，直到我发现了这把刀。作为刀，它本来的作用再普通不过了，但它的颜色实在是特别。让物品沾点血并创造一幅分解光线三原色的照片的念头很自然地浮现在我脑海中。就这样，一些类似的联想出现了，我们既不知道为什么，也不知道怎么回事！另外，我对精神科医生对此的解释非常好奇，如果有一位医生看到书的这里，希望他毫不犹豫地到我的网站上，通过留言功能对我做出诊断或提供一些简要的看法：www.jeanturco.fr。

取　景

一台保佳 A2400 焦的电源箱（3）被用来给这幅静物图布光，不是因为要得到这里规划的光线必须用这样的设备，而是因为我刚刚结束一个拍摄，这些设备刚好在手边，背景纸（2）也是临时找来的。这里提醒一下，没用过这款设备的人，2400 焦是这个电源箱能释放的最大功率。具体来说，电源箱上有一个输出端口为 1200 焦，另外两个端口为 600 焦。我建议还是入手一个电源箱吧，20 多年来它满足了所有我想要的用途，买二手的话，500 欧左右就能买到。（我的是不卖的！）这盏闪光灯的杆上放上了一把大反光伞（1），伞的表面是哑光白色的，比银色的图层制造出的效果更柔和。而且这样放置的话，闪光灯就不会在背景上制造出阴影。我调整了曝光度，以呈现出 2 挡或 3 挡光圈值的过度曝光效果，使纸张变白却又不至于出现"溢出"效果。

由于缺少能给刀片"抹番茄酱"（5）并使我不用来回走动的助理，所以我将相机固定在脚架上，靠电子快门线（4）——相机的固定、光线的确定及成片的边框位置是构图阶段必不可少的步骤。首先，刀片上坠落的液滴才是让我注意力集中的地方，这要拍许多张原片才能抓拍到我想要的那一刻。得到了满意的结果之

后，我又拍了些别的照片，这一次让番茄酱在背景纸上更肆意地流淌，这样做的目的就是尽可能地把脑海中对照片的构想变为现实，然后

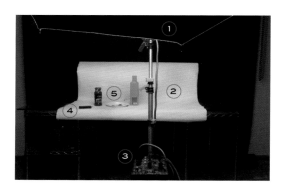

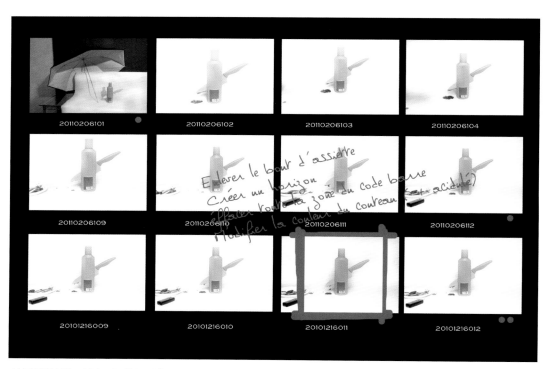

去掉盘子的部分；制造一条"地平线"；把有二维码的地方全部修掉，修改刀的颜色（更具回味一些）。

114

再把它们组合起来。

　　背景的纯白无瑕符合设想，但"地平线"的缺失使照片不怎么好看。所以我做了个底座，把两个平面分割开来，并对刚刚做出来的底座稍微加深颜色。最后并不需要拼接不同的照片来呈现从刀子上滴下的和已经滴落的番茄酱，因为在最后几次拍摄中抓拍的一张看起来呈现了我想要的所有元素。

　　像预期的那样，我毫不费力地抹掉了瓶子上的标签。

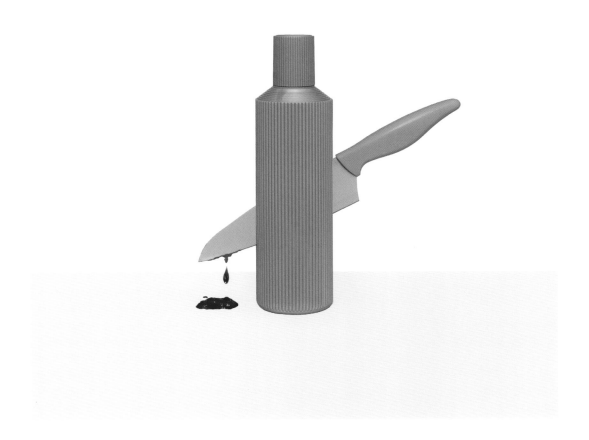

如何通过光源的朝向来改变背景的色彩浓度

可以通过调整一个或多个打亮物体的光源朝向来修改背景颜色的浓度值。当然了，背景不能离主要拍摄对象太远，因为光的强度与距离平方成反比，所以背景如果在拍摄对象2到3米远的地方就不太可能实现这里讲的方法。

除了光源与物体或光源与背景的距离之外，还要考虑背景的颜色。这个比较容易理解，背景颜色越深，就越需要灯光。

在展示的例子里，我使用了一台保佳电子闪光灯作为光源，还给闪光灯配了一个宝石状多边形反光罩FX60，打出接近60°角的光线，而且光线分布相当一致。也就是说，布光的热点被限制在了需要的距离上，这里差不多有1.5米，形成一个直径大约1米的被光打亮的区域，在这个区域内，背景呈现出1挡光圈值对应的晕影效果。功率被调整为适合光圈值 f/16。

如果我们把摄影灯的中心引向拍摄对象（图2），那么拍摄对象会被对应光圈值 f/16的光打亮，背景适合光圈值 f/11 的光，也就是说它的曝光度降低了1挡，这给了我们可以勾勒脸部没被打亮的轮廓的深灰色背景。（为了提高对比度，一个黑色屏幕被放在了被摄对象上半身的一侧，以便对比度不受多余反射光线的影响）

要想得到黑色背景，只要把摄影灯对准被摄对象脸部的前方（图3），背景就会很大程度地被掩盖住，变成黑色。被摄对象边缘被对应光圈值 f/11 的光线打亮，背景被光圈值 f/5.6 的光线打亮。

反之，如果想要打亮背景，只要把摄影灯对准背景的方向即可（图1），同时注意光线笼罩住了被摄对象的哪一部分，而且背景过度曝光1挡。将打在被摄对象上的光恢复为对应光圈值为 f/11 的光，背景为光圈值 f/16 对应的光。

这个图例可以用所有种类的照明设备拍摄出来，但如果使用反光伞或柔光箱的话，照片的对比度会降低。

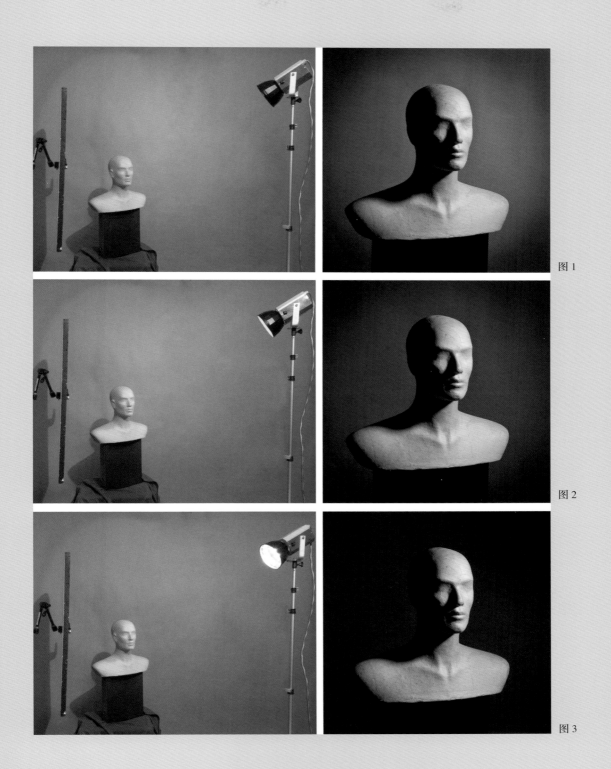

图 1

图 2

图 3

117

拍摄方案 31

使用设备

背景	黑色背景纸
主光	750J 摄影灯（1）
辅光	750J 摄影灯配柔光箱（2） 750J 聚光灯配备反光板及遮光罩（3），放在柔光箱的后面（2） 750J 聚光灯配备反光板及遮光罩（4），放在柔光箱的后面（1）
遮光板、反光板、滤镜等	
机身	尼康 D2Xs
镜头	尼克尔 50mm f/1.8
全画幅 24×36mm	约 75mm
感光度	ISO100
快门速度	1/60s
光圈	f/11

我很少拍摄模特露齿的肖像照，不管是嘴自然微张露出牙齿，还是看起来是在说话表达感情，或是突然大笑，抑或是自娱自乐。

但要记住我的做法是不再反商业化，如果你明天就安定下来开始靠收费拍肖像照为生，那就得经常拍微笑的照片。此外，我建议从现在开始复习以下几句外语，如果我们在法国，拍照的时候想逗笑模特可以说"ouistiti"（小绒猴），面对西班牙客户可以说"patata"（土豆），面对来自瑞典宜家的送货员则要说"omelett"（煎蛋卷）；对于韩国人，如果他们来到你的摄影棚，你说"kimchi"（泡菜）则会让他们捧腹大笑。

好了，不开玩笑了，实际上我很少拍模特微笑的照片，这主要是因为我经常拍黑白照片。我觉得微笑更适合用彩色照片来呈现，广告摄影证实了这一点。大部分时候，模特在拍彩色照片时才会露齿，比如给意大利面这种要把包装留在家里挺长时间的产品拍摄广告照片，一般会采用彩色的模特露齿照片。

另外，我觉得这些被要求的微笑看似自然，实则透着不自然，这种微笑让模特颧骨紧张，不太好看。我同意儒勒·雷纳尔（Jules Renard）的观点："微笑是做鬼脸的开始。"

但要补充说明下，我觉得对于这些可以做出来的笑容而言，这个观点再正确不过了。我看过的笑容里，最自然的笑容要么是孩子感到快乐时发自内心的笑，要么是广告里的职业模特久经训练之后做出的笑。

但不要觉得我讨厌笑。这么说吧，我只是更喜欢更为低调的摄影表现形式，也更愿意把重点放在眼睛，而不是牙齿。

取 景

放在高处的主光（1）被调节为适合光圈值 f/11；第二个灯箱（2）打向背景，光线掠过模特脸部但不要打亮，它给背景打出的光线对应的光圈值为 f/13，背景同时也被两盏聚光灯（3）和（4）打亮，第一盏被调整为适合光圈值 f/22，第二盏被调整为适合光圈 f/16。

后期制作

后期没有太多要做的，在重新处理背景的光线前稍微降低脸部的阴影，然后使用高斯模糊滤镜对照片进行整体柔化，最后加入晕影效果。

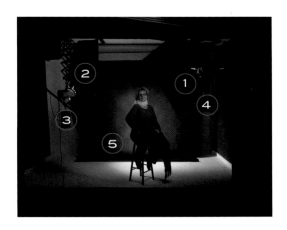

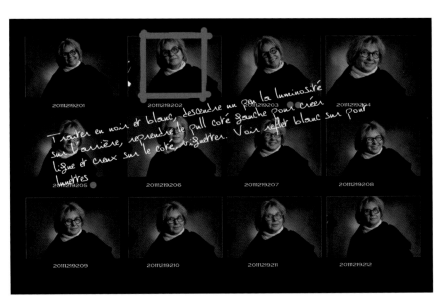

重新裁剪，保留右侧的线条；以模特左边毛衣的褶皱为界限，加入晕影效果；处理为黑白照片，进行柔化处理。

拍摄方案 32

使用设备

背景	黑色背景纸（3）
主光	800J Profilux 摄影灯配标准银色反光罩（1）
辅光	800J Profilux 摄影灯配标准银色反光罩及挡光板（2）
遮光板、反光板、滤镜等	
机身	尼康 D2Xs
镜头	尼克尔 80—200mm ƒ/2.8　使用焦距：80mm
全画幅24×36mm	约 120—300mm　使用焦距：120mm（近似值）
感光度	ISO100
快门速度	1/60s
光圈	ƒ/11
特殊说明	反光伞（4），具体说明参见正文

在摄影背景纸（3）前上演经典电影《伞中情》（coup du parapluie）的情节。

这些拍摄方案都是在普罗旺斯地区莱博市的"洞穴式"房间拍摄的，这是个充满历史的景点和住宅，人类在此创造了神奇的杰作，这个地区的天空与自然环境让我们能够毫无保留地享受快乐，这一定是天堂的分部吧。那些较真的、观察敏锐的、充满好奇心的读者很可能注意到了一些细节，开始暗自琢磨，反光伞（4）在卷起来的背景纸的右边，这样布置到底有什么特别的作用。这些好奇确实不无道理。

让我们明确一下：这把反光伞是保佳牌的，可不是保加利亚的，而且是银色网布的（这一点在照片中看不出来）；它不参与布光，放在那其实是因为背景纸卷轴的卡子坏了，我灵机一动，戳了把反光伞去固定住背景纸。

说明白了这个无伤大雅的小插曲，让我们聊聊这些背景纸卷轴吧，在我看来它们是影棚拍摄最理想的背景。比如说，我们不用太费力气就能在巴黎的 MMF-pro 摄影用品店里找到 60 多种颜色的这种背景纸卷轴，它们有 3 种宽度：1.36 × 11 米、2.75 × 11 米和 3.6 × 30 米。最常用的规格就是 2.75 米宽的那款，一卷大概卖 70 欧元。如果你的愿望就是用单色的背景拍摄的话，买背景纸的投资是必不可少的。

取 景

主光（1）是由一盏摄影灯打出来的，摄影灯上配有银色反光罩。这种反光罩可以打出最强的光线，制造出清晰的阴影，不需要其他光学仪器聚光。模特戴着眼镜，所以摄影灯被放在一个能避免镜片反光的地方。还有一点很重要，在取景时要通过取景器检查镜架或镜架的阴影是否遮挡眼睛，因此需要经常把镜架往鼻梁上推一推。在取景器里，这样的细节相当难分辨，所以在我们取景完成后，还要每隔一段时间在电脑屏幕上放大照片进行检查，同时认真检查我们右手边眼睛下方的光亮区域。实际上，传感器记录下的这个区域通常要比裸眼或通过取景器看到的显得暗，因为眼睛在感知色彩强弱上更敏感，会自动调节，这一点数码相机传感器（到目前为止）还做不到。

从左边肩膀的边缘处裁剪，提高胡子的对比度，整体加深。

后期制作

照片被彻底重新裁剪了。首先对不同区域的对比度和灰度进行调节，如腮胡和唇须的对比度也被轻微提亮，背景的灰度被重新处理。

随后使用蒙版和高斯模糊滤镜对整体进行轻微柔化，但没有处理腮胡、夹克的扣子、嘴唇和眼睛这些部位。

拍摄方案 33

背景	黑色背景纸（4）、资料箱（5）
主光	家用白炽灯，装 250W 灯管（1）
辅光	
遮光板、反光板、滤镜等	遮光板（3）和镜子（2）（2a）
机身	尼康 D2Xs
镜头	尼克尔 35—70mm *f*/2.8　使用焦距：50mm
全画幅 24×36mm	约 50—105mm　使用焦距：75mm（近似值）
感光度	ISO100
快门速度	1/15s
光圈	*f*/5.6

　　家用白炽灯是拍摄这张照片时唯一的光源。用一面镜子来反射光线，使其从另一个角度打到物体上，这个小窍门可以有效替代放置多盏聚光灯。实际上，当我们用镜子来改变灯光的朝向时，光线强度相对会损失，甚至会让光线排列照射在被摄物体上，不管是白色还是银灰色反光板都达不到这种效果。每次放置的镜子其实可以起到聚光灯的作用，所以当你决定买一些装饰墙面的镜子的时候，也就同时拥有了一批照明光源。在家居店很容易找到尺寸为 30×30 厘米的镜子，如果能找到 15×30 厘米的更好，用起来更方便。戴上合适的手套，干净利落地把其中的一两面镜子打碎，插到橡皮泥上，给小物件打光的时候格外好用；也可以将其用在透明物体上制造光点，比如装饮料的瓶子或杯子。

取　景

　　客厅 250 瓦的白炽灯（1）被布置在被摄物体——一个斜切口的红洋葱——的后面，白炽灯以差不多 45°角打出逆光，以免打亮用作背景的资料箱（5）。黑色遮光板（3）阻挡了一部分光线，这些光线会射到质量上乘的镜头上，或者会让对比度大大降低，或者会让镜头产生彩色的反光，也可能其中两种情况同时出现。如果能加以控制，这些彩色反光可以在需要时使用。

　　一面镜子（2）被用来让一部分白炽灯光线反射照向物体，特别是资料箱的位置，并重点打亮资料箱的侧边（2a）。随后根据构思的景深设定好光圈值，光圈值 f/5.6 会让洋葱和树枝的部分清晰可见并且渐渐虚化背景。

后期制作

清理掉洋葱上被逆光突出的几个斑点，然后调整对比度和灰度。树枝也是做同样的处理。资料箱左上角被打亮，以使它的侧边从全黑的背景（4）中突显出来。因为资料箱没被全部照亮，所以曝光十分不足。箱子右侧显得太亮了，可能会在构图中过于抢眼，因此被轻微调暗。所有局部都调整好后，调整照片整体的对比度和灰度。

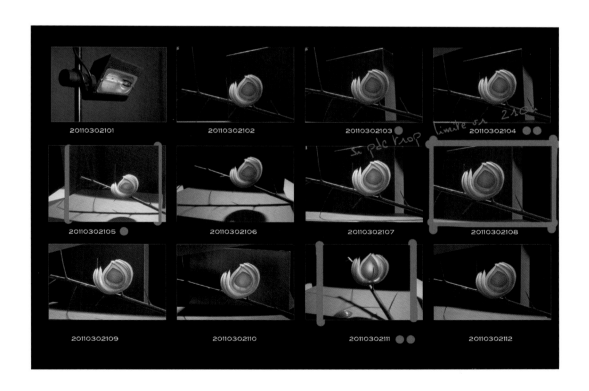

拍摄方案 34

使用设备

背景	黑色背景纸（3）
主光	750J 摄影灯配柔光箱（1）
辅光	750J 摄影灯配反光罩打亮背景（2）
遮光板、反光板、滤镜等	
机身	尼康 D2Xs
镜头	尼克尔 35—70mm *f*/2.8　使用焦距：50mm
全画幅 24×36mm	约 50—105mm　使用焦距：75mm（近似值）
感光度	ISO100
快门速度	1/60s
光圈	*f*/11

　　在摄影方面，没有什么前人没尝试过的东西等着我们去发明创造了；在肖像照、布光甚至是取景边框方面，所有的一切也都已经被规定好了，而且经常比我们能想象到的还要好。拍肖像照时，我喜欢暗色的背景被灯光打出一片暖色的区域，打亮下巴并在背光的一边留下阴影，由此勾勒出模特脸部、肩膀和一大部分手臂的轮廓。嗯，这是我喜欢的布光手法，也是我某一天在老旧、拥挤的威尼斯小书店中看到的，其中一名店主只说"威尼斯语"。在圣马可广场后面，一堆老旧的沾满灰尘和充满难闻气味的艺术书籍吸引了我，书上的图片让我惊叹不已，这种布光手法就印在其中一本书的封面上。在一幅费迪南德·芙欧特（Ferdinand Voet）的肖像画中，人们称这位画家为"肖像大师费迪南德"，这位与路易十四同时代的画家既没有用保佳也没有用灯箱就描绘出了威尼斯。回到摄影，如果说这些摄影手法还能得以实现，那都是因为费迪南德早已借助这种手法在艺术的殿堂里登堂入室。"肖像大师费迪南德！"我们用"肖像大师"来称呼他，那是因为他创造出了一些后无来者的肖像画。能在旧书上找到他的这些画的黑白印刷复制品，这让我陷入了狂喜之中。我是不是不经意间就在模仿呢？我是不是毫不自知地在潜意识中记下了他的黑白印刷画作或其他作品？看来我应该找时间去跟学"心理学"的人聊聊了。不过以后再说吧，我现在可有点忙。

取　景

主光是由柔光箱（1）打出，用以照亮模特脸部的3/4，放在高处是为了让它一直打亮模特眼睛并在9点钟方向反射光线，同时在眼睛下方——眼睛与光线照射的方向相对——形成一个三角形的光区，光区的下边缘则由鼻子的阴影形成，这个阴影还覆盖了嘴唇。为了获得镜头的最好效果，在不追求特别的景深时，光圈值为 f/11 更好用。这里用的镜头为35—70mm、f/2.8，表现出色，不过选择用这个光圈值是因为习惯和安全感使然。在摄影棚用电子闪光灯拍摄的优点在于其便利性，它提供了用理想光圈孔径拍你想要的效果的可能性。如果我们更注重清晰度的话，可以固定使用已经调试好效果的光圈值。解释说明有点长……最后总结一下，黑色的背景（3）在打亮的区域变成了深灰色，这也是大胆使用光圈值 f/16 进行曝光所寻求的效果。

处理为暖色调的黑白照片；重新调整模特左眼下方的灰度；柔化，并适当加入晕影效果。

后期制作

同每次一样，设定好取景框后，清理掉画面上所有可能具有的缺点，灰度也被调整得更细腻。黑色被双色调模式调整得更鲜明，然后照片按不同区域用高斯模糊滤镜柔化。为什么取景时追求最大的清晰度，然而在后期处理时却柔化照片呢？这是我的一种习惯，而且要追溯到我只用哈苏 135 毫米微距镜头拍肖像照的

时候，当时完成拍摄冲印后，我会用 Sofstars 滤镜让照片实现柔化效果。有完美的未经柔化的底片或 Raw 文件的优点是，如果第二天我不再喜欢这张带有模糊效果的照片了，我还有未经处理的原片；如果一开始就用滤镜拍摄，那么别无选择，只能用这张带有模糊效果的图片了。

不拘一格选光源

在摄影上，不存在不好的光线，更确切地说，没有什么是不可用的光线。对我来说，最美、最有效的光线就是日光，这么说可能会受到质疑，因为本章节研究的都是人造光线，但我只是作为案例举例说明，其中大部分是我们日常使用的家用照明。通过这些例子，我想要突出的重点是，无论白天还是夜晚，我们都可以用我们拥有的设备，而不是摄影棚的专业设备来拍摄照片。

你不会在下面这些图例里找到烛光，不是因为它们不好，而只是因为在拍摄照片的时候，我找不到我那装着 10 根经济实惠的普通家用白色蜡烛的可回收纸箱了，我早就买来想要拍照时用，它同样能实现其他光源的效果，只是曝光时间要稍微长一点。

取景时把"模特"放在蓝色灰度中的背景纸前 1.2 米处。与光源相对的一侧放了一个黑色屏幕以免减弱对比度，因为多数情况下对比度的减弱可能是灯光反射在墙或房间里的物体上折射回来造成的。模特的位置也被调低了，以避免光源位置太过靠近天花板而使得天花板也变成某种程度的反光板，降低对比度。

所有这些光源的色温都不同，仅仅把白平衡调在自动挡位，就可以正确地解决这个问题了。另一个解决方法是在取景时干脆不要考虑这些。

1. 85 瓦灯，裸光。第一种灯光是一盏 85 瓦"节能灯"，放在可带灯罩的灯柱上……但没有灯罩。这盏灯的效果等同于 500 瓦，灯光

分布均衡，用起来完全没有问题。需要注意的是，由于灯柱过低，存在光源过低的风险。

2. 有小反光罩的白炽灯。装着 250 瓦的灯泡，这盏灯有个很小的安在灯管旁边的反光罩，因为其产生的光只照亮局部，可产生完整的阴影。

3. 闪光灯上的造型灯。配有 60°角的反光罩，只使用闪光灯里的造型灯，它产生的阴影不完整，不同于配有反光罩的家用白炽灯。

4. LED 伞形灯。装有 36 个 LED，这些灯被固定在伞下，用来打亮伞下笼罩住的物体，用锂电池供电。使用它们会让曝光时间过长，因而受到限制。不过在一些极端情况下或某个概念设想中，它可以表现得很出色。LED 灯的数量和位置让这种灯能够打出一个阴影比较模糊的灯光。

5. 镁光灯及类似灯光。这些灯也是使用 LED 的，在摄影中的用途十分有限，因为它的光是束状的（被证实是很理想的技术），除了需要一定的专业技能及适合的拍摄对象外，还很快就会被耗尽。这些灯能产生聚集的光束，在图例中我们发现这种特性虽然会让被照亮的范围十分有限，但阴影的轮廓非常清晰。

6. 带大反光罩的白炽灯。虽然有大灯罩，但装在这间客厅灯上的 500 瓦的灯管相对比较高，这让它发出的灯光比上面提到的第一种灯光要分散些。这种灯光更柔和，所以阴影不那么清晰、直接。

7. 用夹子固定的小聚光灯。这是真的聚光灯吗？也不算。这些用夹子在高处固定的灯就这样摆在那里，但实际上它们就是些能安装灯泡的灯座，还安着个假反光罩。我用来拍这些图例的聚光灯就是个绝佳的例子。给这些聚光灯装上 60 瓦的灯泡，不带反光罩，这样的"聚光灯"打出的光跟任意一个灯架上固定的同样类型灯泡发出的光没什么区别。它不会更好，也不会更差，跟其他照明系统一样能拍肖像照。如果我们想要提高光圈值的话，60 瓦就要求相当长的曝光时间。

131

8. 便携式闪光灯。这里展示的是我通常会用的尼康 SB 800，适用所有的闪光灯，不管是无线遥控器还是用延长线连接相机的都可以。手动操作，将闪光灯调整到适合光圈值为 $f/8$ 或 $f/11$，让镜头发挥出最好的效果。我的闪光灯一样有特别方便的"造型灯"功能，它可以发出一系列小功率的闪光来控制灯光效果。如果没有的话，摄影师需要用眼睛来确定闪光灯的位置，然后通过尝试逐步调整。使用滤镜可以有效地遮挡闪光灯的反光，甚至可以使用彩色滤镜。为了柔化照片，所有物品都可以轻松地跟这类闪光灯一起使用：绘图纸或透明纸，白色布料或纸质手帕、厨房纸等。

9. 配有柔光箱的便携式闪光灯。上面讲到的这盏闪光灯也可以安装在柔光箱里。因为这种闪光灯的反光板所反射的光线太直了，故而不应该把闪光打向布景或被摄对象，应该打向被摄对象的边缘。很明显，这种便携式闪光灯加柔光箱的搭配使用方式和支架式的闪光灯还是很不一样的，但不管怎样，这套系统能够很容易地塑造灯光，但需要进行一些尝试来找到闪光灯在柔光箱内最合适的位置。

10. 二手电影灯。这种光源特别有意思：一方面，它们的内置反光罩和挡光板能够最好地处理它们的大功率照明，因为它们通常是两只 1000 瓦的灯泡提供 2000 瓦的照明，两根灯管可以全开或只开一半；另一个优点是，它们是风冷的，因此灯泡得到了很好的保护；最后一个很重要的优点是，更小巧的用电池组的摄影灯取代了这里用到的电影灯，这使得它们几乎被淘汰了，所以这些灯在网上或旧货市场上很廉价，花一点小钱就很容易找到保存完好的这种灯。

11. 配超大反光罩的造型灯。这个反光罩是宜家天花板灯的灯罩，我将底座改良使其能被固定在保佳灯杆上。在这个图例里，它就被放在这种灯杆上，但这里只用了闪光灯上的造型灯。它的灯光轻微笼罩着物体，光束宽，阴影的边缘也被稍微模糊了。

14. 反光伞。这类塑形光源在 20 世纪 60 年代的摄影界被大量使用，但它几乎被拍照效果相近却更容易集中光线优点的柔光箱取代了。这里只用了固定在灯杆上的 250 瓦造型灯作为基本的持续光源。

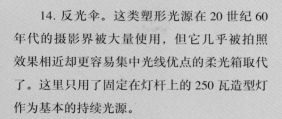

12. 闪光灯配小尺寸柔光箱。对柔光箱进行改装以配合不同光源的使用是可以实现的，但光源不能带反光罩，这样灯光才能正确分布在灯箱内部。注意！要用节能灯或发热很少或不发热的灯，因为灯箱内部的网等零件是用布料制作的，如果用白炽灯这种会发出强热的灯的话，很容易着火。在这个图例中只用了造型灯。

13. 闪光灯配大尺寸柔光箱。跟上一盏灯一样，取景时只用了闪光灯中的造型灯。用闪光灯为例，是因为这样就不用自己想办法固定光源了。

拍摄方案 35

使用设备

背景	黑色背景纸（4）、镜子（5）和彩色玻璃瓶子（6）
主光	250W 白炽灯（1）
辅光	
遮光板、反光板、滤镜等	两块反光板（2）和（3）
机身	尼康 D2Xs
镜头	尼克尔微距 60mm $f/2.8$
全画幅 24×36mm	约 90mm
感光度	ISO100
快门速度	1s
光圈	$f/8$
特殊说明	使用偏振滤镜

不管是为了在网上出售还是为了保留照片，不管是自己随便拍拍还是为了给保险公司上保险用（在这种情况下，赶快把保额翻倍，给表壳的背面、表盘和表带表面都投保），手表是一个容易拍摄的物体。但如果我们自认为能即兴模仿那些大品牌手表的照片，那么很快就会失望。拍摄手表应该是瑞士人最擅长的——毫无疑问，他们总有亲戚朋友给他们提供拍摄素材。瑞士摄影师进行的是表现钟表细节的大尺寸摄影，8×10 英寸胶片如今经常被数码传感器所取代（在瑞士也是这样），传感器包含了上千万的像素。大尺寸、完美布光、表盘玻璃被拿下来、表针指在 10 点 10 分、不走时的手表以及丰富的摄影经验都使得拍摄效果很出众。因此，我们再来尝试拍摄手表就是个挑战……但这很有意思。记住，如果你拍摄物品的目的仅限于在 eBay 二手网上挂个广告，那么想要跟带着瑞士沃州口音的摄影师炫耀自己的器材就不是很明智了。

取 景

这个方案的初衷是让一切简化，我们这里使用了一盏家用灯（1）。如果公寓里没有这样的灯，我们很容易就能以 5 欧元或 10 欧元买到一盏二手的，这几乎跟灯管的价钱一样。这些灯用的是 250 瓦或 500 瓦的灯管，最好不要提高功率，因为这可能会损坏被摄物体，影响使用。

　　手表被放在映出黑色背景纸（4）的镜子
（5）上，两个彩色玻璃瓶子（6）被放在一条
线上以制造阴影和暖色的倒影。额外的光线打
在瓶子上，这一额外光线是由放在瓶子后面、
平放在桌子上的普通白色屏幕形成的。将两块
白色反光板（2）和（3）——50×100厘米的
塑料板放在手表对面，通过反射照亮手表，同
时在表环上和所有可作为镜子的金属部分制造
出白色倒影。理想的状态是：手表停止走时，
表针指向10点10分25秒左右的位置。

　　用偏振滤镜去掉玻璃上的倒影，如果照片
是客户订购的，那么就去掉手表玻璃镜（去掉
的是手表玻璃，不是滤镜），这是个理想的解
决方法。

　　有必要明确说一下相机是固定在脚架上拍
摄的吗？

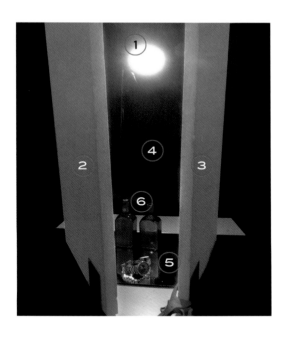

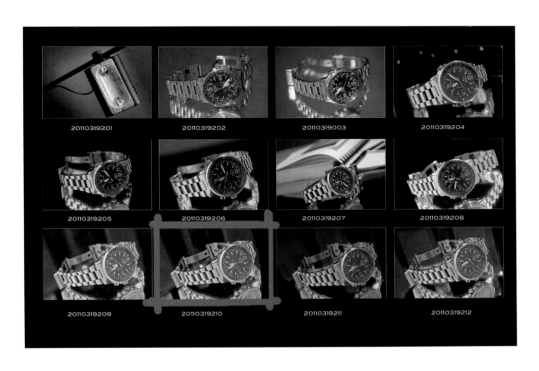

后期制作

如果玻璃上的反光在拍摄时被偏振滤镜去掉了的话,那么后期制作就没什么复杂的了。如果出现反光,我们通过调整对比度和灰度可以减少反光,但照片很难达到完美的效果。偏振滤镜没办法同时去掉在手表玻璃和做支撑的镜面上的反光,对于镜面上的反光要通过调整对比度和灰度来处理。理想的方案则是:拍两张底片,调整偏振镜方向,去掉不同的反光,最后再合并图像。

拍摄方案 36

使用设备

背景	室外
主光	傍晚的阳光，太阳在对面，逆光（3）
辅光	1200J 摄影灯（2）接保佳 A2400J 电源箱（1）
遮光板、反光板、滤镜等	
机身	尼康 D2Xs
镜头	尼克尔 80—200mm *f*/2.8　使用焦距：100mm
全画幅 24×36mm	约 120—300mm　使用焦距：150mm（近似值）
感光度	ISO100
快门速度	1/30s
光圈	*f*/11

在室外拍摄没有什么真正的麻烦，只需要知道我们想要展现什么，这样才能把取景技巧调整到最好的状态，拍出一张接近成片的照片，避免后期制作时无谓地浪费时间。在照片创作的最终阶段，尽管后期软件功能强大，但最重要的是待修照片的拍摄质量足够好，因为"功能强大"并不意味着在修片时还要把图片全部调整一遍。如果原片有些区域曝光不足或曝光过度了，相应区域的图像信息肯定是没有了，那么就得重新拍摄或重新创作，因为这超出了软件功能所能补救的范围。

在图例照片里，我要寻求的是傍晚阳光（3）的柔和效果，而逆光可以勾勒出被摄对象的轮廓，能带来不少惊喜。唯一的难点是平衡光线，以避免过高的对比度。

取　景

为了避免出现过高的对比度，根据选择的曝光度可能会让亮区过度曝光，或者让暗区曝光不足。因此，我添加了一盏用来平衡亮度的灯—— 一盏 1200 焦带银色反光罩的摄影灯（2），并将它放在角落里照亮整个取景区域。

我用曝光表测量了周围的光线（*f*/8、1/30 秒），然后测量了被阳光直接照亮区域的光线（*f*/22、1/30 秒），由此确定了 1/30 秒的曝光时间，光圈值为 *f*/11（感光度为 ISO100）。然后测量并调整了闪光灯的闪光，以使其在整个被覆盖区域达到 *f*/8½ 的光圈值。（闪光持续时间根据电源类型和使用功率等的不同而有所变化，但总是大大高于 1/400 秒。）

镜头被一块涂成黑色的塑料板保护免受阳光照射。

后期制作

略微矫正照片，重新对齐，然后加深水面的部分。修改了由于模特的坐姿而造成的肚子上的褶皱，提高了身体被修改部分的对比度。最后通过高斯模糊滤镜轻微柔化照片。

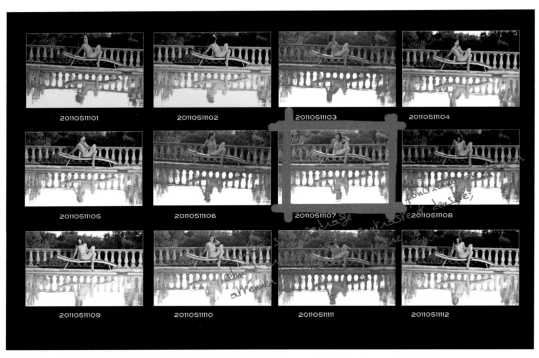

20110511101	20110511102	20110511103	20110511104
20110511105	20110511106	20110511107	20110511108
20110511109	20110511110	20110511111	20110511112

检查这个取景范围是否可行，或者保留最初的取景范围。调整对比度和灰度，减少模特肚子上的褶皱。

拍摄方案 37

使用设备

背景	黑色背景纸
主光	800J 摄影灯配柔光箱（1）
辅光	800J 摄影灯配挡光板（3）
遮光板、反光板、滤镜等	一块 100×50cm 的黑色塑料板（2）
机身	尼康 D2Xs
镜头	尼克尔 35—70mm *f*/2.8　使用焦距：50mm
全画幅 24×36mm	约 50—105mm　使用焦距：75mm（近似值）
感光度	ISO100
快门速度	1/60s
光圈	*f*/11

　　我不是彩色摄影的拥趸，我只会在为了完成客户拍彩色照片的订单时才如此原封不动地拍摄。原封不动，是指精准地表现颜色不同寻常的细微差别，这些差别让想要精确拍摄的人的工作难度增加，而且这样的精确度我个人是接受不了的。不是因为我不知道怎么拍，我曾经通过了考察这种能力的考试，而是因为对我而言，在用有限的手段准确翻拍现实还要达到这样的完美度，那么我拍的就不再是照片，而是高质量的手工艺品了。这不是我希望的，我在 18 岁时对摄影艺术满怀着如火的激情，梦想着能拍出与苔拉兹家族（Tairraz）[3] 的四代摄影师以夏蒙尼峰为题材拍摄的杰作相媲美的作品。那时起我就已经决定不要把爱好和谋生手段混为一谈，如同不想用婚姻的琐碎扼杀了真爱的激情，我希望自己终生对摄影满怀最炽热的爱恋，就像情人间不理智的爱一样。

　　彩色照片，我也是拍的，但我只拍自己想要的风格，它们跟现实毫无关系，是彩色的黑白照片。在注意到它的内容前我就留意到了，我喜欢或讨厌的照片，它可能是静物照也可能是人体照。我不追求原封不动的翻拍，我只想

---

3 译注：从 1857 年到 2000 年，祖孙四代摄影师约瑟夫·苔拉兹（Joseph Tairraz）、乔治斯·苔拉兹一世（Georges Tairraz I）、乔治斯·苔拉兹二世（Georges Tairraz II）和皮埃尔·苔拉兹（Pierre Tairraz）一直以阿尔卑斯山为题材拍摄了大量作品。连续四代人用摄影的形式定格了阿尔卑斯山的风光，其作品在法国摄影界占据着十分重要的地位。

展示什么是我的现实及什么是我的颜色。

　　这些不会阻碍我喜爱皮特·特纳（Pete Turner）、马丁·帕尔（Martin Parr）或威廉·埃格尔斯顿（William Eggleston），并且我也毫无羞愧地梦想着像他们一样"挣大钱"。

取 景

　　简单又经典的布景使用了两处光源，确切地说是用电子闪光灯：一个柔光箱（1），一块黑色遮光板（2），防止浅色墙和靠近被

处理为有层次的颜色，柔化并制造绘画效果。查看脸部，如有必要则重新调整皮肤的逼真度，提高晕影效果。

摄对象的空间内的反光；一盏放在模特后方的摄影灯（3）朝向背景以制造晕影效果。主光被调整为适合光圈值 f/11，辅光适合光圈值 f/22。遮光板（2）大大提高了模特脸部和手臂的对比度，突出了它们在背景中的剪影。

后期制作

清理画面，用高斯模糊滤镜柔化。这一步操作之后，重新调整对比度和灰度，并且通过调节色温使颜色更鲜明。

拍摄方案 38

使用设备

背景	涂成灰色的木板（4）
主光	1000W 电影灯（1）配白色反光伞（2）
辅光	
遮光板、反光板、滤镜等	100×200cm 塑料板（3）
机身	尼康 D2X
镜头	尼克尔 35—70mm $f/2.8$　使用焦距：40mm
全画幅24×36mm	约 52—105mm　使用焦距：60mm（近似值）
感光度	ISO100
快门速度	1/5s
光圈	$f/8$

我准备用"2010 年的 20 欧元能买些什么"作为图例照片的题目。其实本来想起名叫"清单：1 本素描本、6 块锂电池、1 个摩卡咖啡壶、1 条被保鲜膜罩住的放在食品盒里的鱼，找回来的 3 块 2 毛 1 分零钱，1 张烧焦了一部分的小票"，但可能会有人觉得这个题目太长了，但我还没买小浣熊肉呢。然而，在超市找不到什么浣熊肉，哪怕是意大利超市也很少。我还缺少了一样尤其让我感到比没得到啮齿类动物肉还遗憾得多的东西——普维（Prévert）的巨大才华。

我的构思是要拍摄一张我刚刚购买的物品的静物照，被反光伞和大尺寸塑料反光板反射的单一光源打亮，由此得到一张阴影非常少，同时因为反光也不太能让人看清盖在鱼上的保鲜膜上写着"鲷鱼"（意大利语是"Orata"）的照片。

取 景

这盏 1000 瓦的电影灯（1）是在 eBay 二手网上花 14 欧元买到的，全新风冷款，一直被装在原装包装盒里，另外还配备有一把白色反光伞（2）。这个已经很分散的灯光还被散射到了侧边，通过一块宽 1 米、高 2 米的塑料板（3）形成一个轻微的阴影。认真的读者应该已经发现这块反光板被固定在自制脚架上。相机自动调节曝光量，如果我们用的不是 Raw

文件模式，那么在取景时就要检查色彩平衡。这些电影灯的色温因灯和灯管的不同而处在3200 开到 3400 开之间，温度根据灯泡的老化程度不同而有所不同。

后期制作

如果不提在对比度和灰度上做的些微调整，那就几乎没有后期制作了。

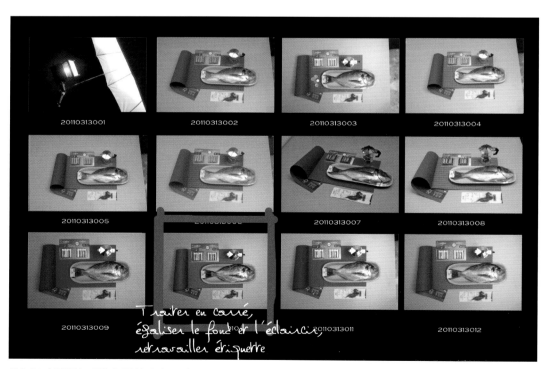

裁剪成正方形照片，平衡背景并打亮它，重新处理标签部分。

145

拍摄方案 39

使用设备

背景	黑色背景纸（3）
主光	800J 摄影灯配柔光箱（1）
辅光	800J 摄影灯配银色反光罩及挡光板（2）
遮光板、反光板、滤镜等	
机身	尼康 D2Xs
镜头	尼克尔 80—200mm *f*/2.8　使用焦距：105mm
全画幅 24×36mm	约 120—300mm　使用焦距：150mm（近似值）
感光度	ISO100
快门速度	1/250s
光圈	*f*/16
特殊说明	天花板会反射产生多余光线

只有一盏 800 焦的无敌霸（Multiblitz）单筒摄影灯（1）作为光源打亮模特脸部，并在上面安装了一个 100×60 厘米的柔光箱。设置的辅光是用来打亮背景的，不直接参与给模特打光。这里用的也是 800 焦的无敌霸 Profilux 摄影灯（2），配有银色反光罩和挡光板。如果背景是灰色或白色等浅色，那我们可以不用第二处光源。在这个图例中，只需要稍微转动柔光箱，让它朝向辅光光源的方向，这样不仅能照亮模特，也能照亮背景。比如背景是白色的，根据它与光源的距离就会变成中灰色，但模特就会曝光不足，所以作为调整基准的主光需根据距离不同呈现 1 到 3 挡的光圈值。

取 景

当涉及打亮一个黑色背景（3）时，总是要这样调节：首先，通过定位我们想要制造的处于高处的不同亮度的区域，由此确定形状；然后调整所有使用的光源的功率。关于打亮的区域，我们仅仅通过使用挡光板或通过在光源和背景之间放置一些预先剪好或临时准备的遮光板来限定它的范围，遮光板可以由胶带、纸张、纸箱的碎片等构成。

最好能在模特来之前就把这些都调整好，因为布置摄影棚这部分工作在"诸事不顺"的日子里会需要花上大量时间，尤其是如果我们在不熟悉的摄影棚或用不熟悉的设备拍摄时。在我们对背景不满意的前提下就开始拍摄肖像照，这在我看来就是错误的，因为在这种情况下，我们会丧失让我们抓住精彩表情的集中力。不过请注意，这个有可能在某种程度上也是有好处的，当模特对拍摄感到紧张时：你在器材之间走来走去可能会分散他的注意力，他可能也会因此而没有那么紧张。

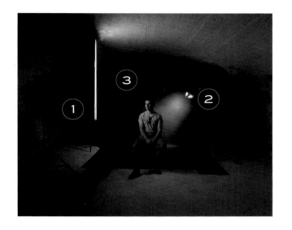

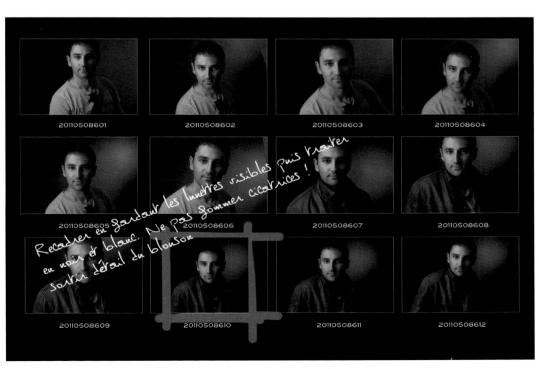

重新裁剪，保留墨镜的清晰度，然后处理为黑白照片。不要去掉疤痕！突出夹克的细节。

后期制作

这张照片没什么要修改的。重新调整对比度和灰度，提高腮胡附近的对比度，降低墨镜附近皮夹克和衬衫的灰度。

我们看到了，在摄影棚的取景可以最大限度地接近我们想要实现的照片，所以文件后期制作的工作量大大降低。这个文件被保存为 Raw 格式，能用于各种用途，不过也可以保存为 jpeg.fin，即得到这个格式下的最佳质量。不过要注意，不要在修改时一直用 JPEG 格式，因为每一次的重新保存都会丢失一些质量。所以在修改时用 TIFF 格式，如果你需要利用这种类型文件的压缩特性的话，比如在网上传送文件，那么最终版照片在转化成 JPEG 格式前也要保存一份 TIFF 格式的。

蜂 巢

这里讲的是我们安装在灯具前的网格，它的厚度一般为 1 厘米左右，这种网格是由特别细密的金属丝构成的，可以形成许多跟蜂窝纹路一样整齐的蜂巢。这些蜂巢会把光线集中到要打亮的那一点上，从而消除不在聚光灯轴线上的光线。

这种蜂巢可以制造出一道非常有方向性的光线，这道光线被用来制造限定轮廓的光区，以便烘托照片的细节。比如我们在拍肖像照时，必要的时候会选择使用蜂巢照亮脸部，或者用来在逆光下制造光区。这种光线集中的优点就是从光线不在聚光灯轴线上开始，光线就不会被看到，"多余的散射光"的问题也会被解决或大幅度减少。

蜂巢的网格密度和厚度会影响光线的数量和分布。网格越多，就越能降低灯光的功率。另外，蜂巢越厚，就越能控制光线的分布。

被蜂巢处理过的光线通过配合不同的遮光板使用能高效且简便地勾勒出物体的轮廓。

第一张图片没有使用蜂巢网格来布光拍摄，第二张用了大网格蜂巢（1），第三张用了细网格蜂巢（2）。

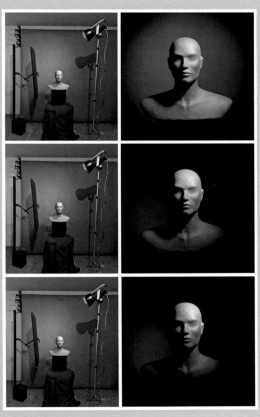

拍摄方案 40

使用设备

背景	蓝色背景纸
主光	1000W 电影灯配挡光板（1）
辅光	
遮光板、反光板、滤镜等	一块 100×200cm 的白色塑料反光板（2）
机身	尼康 D2Xs
镜头	尼克尔 35—70mm f/2.8　使用焦距：50mm
全画幅 24×36mm	约 50—105mm　使用焦距：75mm（近似值）
感光度	ISO100
快门速度	1/15s
光圈	f/2.8

给孩子拍照从来不是件简单的事，难度与年龄成正比。如果说 1 岁和 2 岁的照片没有太大难度，那么随着蛋糕上的蜡烛增多，拍照记录难忘瞬间的任务就会变成全靠运气了。拍摄工作在孩子的哭闹声中草草收场的情况并不少见。当然也有例外：1 万次里总有 1 次情况是不一样的，我祝愿你的孩子跟另外那 9999 个孩子不一样。还得安慰你一下，家有熊孩子这事等他们过了青春期就迎刃而解了，如果你经常使用社交网络，你就知道我所言不假。放弃的代价就是你不能跟我分享拍这种肖像照的乐趣了。偶然一次运气或总有好运，你成功给孩子拍了张肖像照，但你要知道学院派不太能接受"网络化"的照片，但这种照片又总是因为令人惊奇的处理方式和取景被人点赞。哈哈哈！

取　景

给孩子拍照就像喝酒一样，一个孩子还撑得住，两个或三个——就地撂倒。尤其是男孩，如果是兄弟俩，精力更足。除了管理小模特这个困难之外，最大的困难在于选用的镜头给我们带来的景深的限制，以及基于这个景深的构图。实际上，期待孩子能坚持一个姿势 1/15 秒都是不理智的想法，要能实现简直就是壮举，所以光圈什么的就随意吧。景深是一个组合，你肯定是知道的！（我有个"仇敌"派来的读者，

在我反复讲解他认为显而易见的基础技巧时在
网上抱怨）这些设定包括焦距、光圈、取景距
离及模糊圈。用几个例子总结说明一下，在使
用尼康的DX传感器和焦距70毫米的条件下，
在两米远的地方，清晰度的范围根据选择的光
圈值不同而不同。光圈值 $f/2.8$，清晰度范围
1.95—2.05 米；光圈值 $f/4$，清晰度范围 1.94—
2.07 米；光圈值 $f/5.6$，清晰度范围 1.91—2.09
米；光圈值 $f/8$，清晰度范围 1.88—2.14 米。

　　脑子里记好这些范围后，就剩下选择拍摄
位置了，这个位置的分布是不同的，应该在清
晰区域前的 1/3 处拍摄。

重新裁剪，处理为暖色调的黑白照片。提高模特脸部的对比度，调整为轻微晕影效果，通过 Sofstars 滤镜柔化照片。

后期制作

需要挑选一张碰巧两个孩子表情都看得过去的照片，通常情况下，当一个孩子表情很好时，另一个就会"做鬼脸"，要么打喷嚏，要么打哈欠，要么挠鼻子，要么看后面，要么看下面，要么闭眼，要么看起来像个不说话或大喊大叫的淘气包。选择最不难看的一张并精心修饰后就没什么要做的了，因为脸部一般不需要进行任何修改，也不需要柔化轮廓，只需要对不同区域重新调整对比度和灰度就行了。

拍摄方案 41

使用设备

背景	蓝色背景纸（4）
主光	尼康 SB 16 闪光灯（1）
辅光	
遮光板、反光板、滤镜等	一块 100×200cm 塑料板（3）和一块 30×100cm 塑料板（2）
机身	尼康 D2Xs
镜头	尼克尔 35—70mm f/2.8 使用焦距：50mm
全画幅 24×36mm	约 50—105mm 使用焦距：75mm（近似值）
感光度	ISO100
快门速度	1/125s
光圈	f/2

我本想把烤蛋白点心拍成生日蛋糕的样子，但现实总是追不上梦想驰骋的速度，这样的照片没拍成，好在最后拍出的照片让我非常满意，我就此停手没再强求。在我看来，它可以称作静物照，因为它展现了盘子里食物的摆放。但这又行不通，因为观者只在照片中看到了一个瓷盘子外加一丁点儿被处理过的小东西。不顺心的日子总是会有的！

不管怎样，我还是挺喜欢这张照片的，它是用尼康 SB16 闪光灯（1）打出的单一光线拍摄的，这盏闪光灯是我跟一个朋友借的，是一款用在尼康 F3 上的二手闪光灯，已经有 30 年的历史了！这盏闪光灯质量很好，虽然很旧，但依然跟初次使用时一样好，通过塑料反光罩反射出柔和的组合光线，打亮被摄对象。

一点点预算就能打出简单、有效的光线：一盏闪光灯，即使很旧也一定是大牌子，甚至可以用家里的塑料板自制两块反光板，或者用白色纸箱或白纸来代替。

取　景

布置好被摄物体之后，通过固定在脚架上的相机取景器进行取景，两块反光板（2）和（3）放置在略微朝向相机的位置，让背景避开光线的反射显得没那么亮，如此形成一个取景时计划展现的条状灰色背景。闪光灯被改成了手动模式，以使光线达到适合光圈值 f/2，选择大

光圈来限制景深。突出烤蛋白的效果，让它在
模糊的背景中显得很清晰。在摄影棚的设置中，
即没有环境光的干扰，1/125 秒的快门速度没
有影响曝光，因为这是手动快门的闪光速度。
我们还可以降低快门速度，或提高快门速度到
1/250 秒，让尼康相机在不改变曝光量的前提
下自动进行设定。

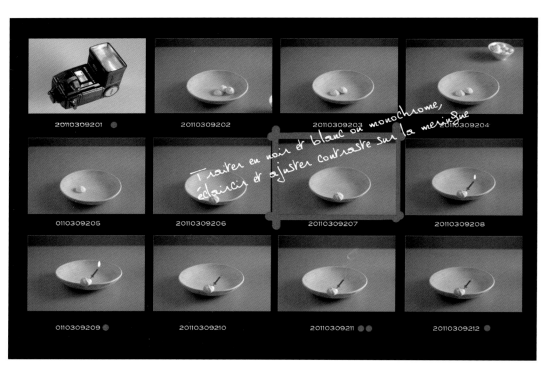

处理为黑白照片或单色照片，提亮烤蛋白并调整对比度。

后期制作

照片不需要进行明显的修改，只需要用一点点时间清理因灰尘造成的传感器镜头的几个微小污点，这样的污点一般不易察觉，但在均匀的浅色背景上则变得一目了然。对胶片或相纸上的污迹进行过修正的人最能体会到我们现在使用的后期工具是多么便利。

灯箱／柔光箱

每个星期都会有人发邮件问我怎样用很少的费用制造出运转良好的柔光箱。一般来说，成本是联系我的人最看重的标准，我尤其能理解他们，因为我在贫穷的青少年时期也曾寻求不要花费太多而能达到"不错"的效果。

这个时代的灯光，就是让我们看到时尚照片时渴望不已的那种灯光，通常是用保佳的反光伞打出来的，这种广泛应用显然要得益于这个品牌在电影界的成功，以及这个诞生于巴黎弗朗德兰大街的牌子的名气。很可惜，这个配件的价格不是我所能支付得起的。我的渴望和无能为力的鸿沟在那时候就成了我的动力，这种动力驱使我将一把看起来我父亲不会再用的大黑伞的里层喷涂成了白色，毫无艺术美感。但我错了，这把伞他还要用！我的做法让父亲大人极其不快，一方面是因为我把伞涂成白色，其实还涂得挺好的；另一方面是因为我把伞柄从把手处给截断了，以便我接下来满怀骄傲地把伞固定在我唯一的克莱梅尔牌（Cremer）投影灯上。这盏灯功率非常大，把拍摄房间的保险丝都给烧断了。我不得不承认，我这个改造不同伞的办法不太行得通。父亲为了安抚一下自己被"熊儿子"打击的心灵，也为了下雨天不被淋湿脑袋，借着这个机会给自己买了顶巴斯克贝雷帽。我父亲特别喜欢这顶帽子，一直到生命最后的日子里还戴着它。

这就是我"自制改良设备"的开始，这个习惯一直延续到今天。尽管经济条件已经不再制约着我了，但我还是非常喜欢用自己的双手创造合适的配件，创造能够完全符合我的设想、符合拍摄需要的配件。

现在很容易就能以完全合理的价钱买到制造各种好用设备的零件。

如下就是制作所展示的柔光箱的说明书：

• 2 块作为隔板的 16 × 400 × 1000 毫米白色三聚氰胺板

• 2 块作为隔板的 16 × 300 × 1000 毫米白色三聚氰胺板

在这 2 块板中的其中一块上剪出 2 块 350 毫米长的板，剩下的部分作为反光板

• 3 只 E27 螺旋口基本款吊灯灯泡（宜家）

• 3 只 80 瓦节能灯泡，相当于 500 瓦普通灯泡的亮度

• 1 袋 3.5 × 40 毫米的自攻螺丝钉

• 1 个黑色哑光颜料喷雾器

• 1 个螺丝钻头

• 1 个孔锯

用孔锯在 300 × 1000 毫米的隔板（2）上钻开用来安装 E27 螺旋口灯泡的孔。把边上的板子安好，空出后面的空间（图 4—7），以制造出能保护灯座和连接灯座的电线的收缩空当。灯座（6）安好后，安上灯泡。我选用的是 80 瓦节能灯，每一只发出的灯光相当于 500 瓦，一共 1500 瓦。

灯箱（8）可以就这样使用，在上面盖一块帆布或一块白色的薄床单。我个人的做法是，把表面涂成黑色以避免它们像反光板一样产生多余的反光，而用一块 5 毫米厚的玻璃板（9）代替帆布。

你可以在"柔光箱 VS 超简自制柔光箱！"

一节中看到一个灯光效果的对比：我们现在做好的这个灯箱产生的灯光与保佳闪光灯配 Chimera 柔光箱产生的灯光对比，你会发现这个灯箱性价比相当出众。

请注意：我们每天都能在 eBay 二手网或其他专业网站上找到各种二手或全新的性能很好、价钱合理的灯箱。在购买前考虑一下要搭配柔光箱使用的闪光灯，尽量避免后续使用时因为卡盘不合适而需要另配转接环，转接环一般要 30 多欧元，还得加上 7 到 8 欧元的运费。

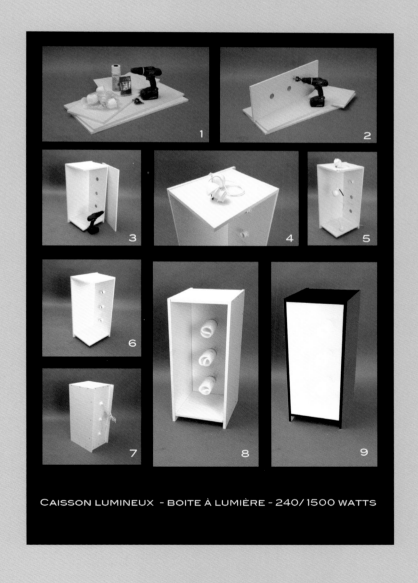

CAISSON LUMINEUX - BOITE À LUMIÈRE - 240/1500 WATTS

拍摄方案 42

使用设备

背景	黑色背景纸（3）
主光	双 1000W 灯管电影灯，调整到其 1/4 功率（1）
辅光	工地聚光灯装 500W 灯管（2）
遮光板、反光板、滤镜等	
机身	尼康 D2Xs
镜头	尼克尔 80—200mm f/2.8　使用焦距：110mm
全画幅 24×36mm	约 120—300mm　使用焦距：165mm（近似值）
感光度	ISO320
快门速度	1/45s
光圈	f/2.8
特殊说明	将相机固定在脚架上拍摄

在拍彩色照片的时候，组合使用不同色温的光源的手法只会让照片的一部分呈现着色效果。也就是说，一部分是自然色彩，另一部分在辅光色温比较低时呈现的是红色；如果辅光色温比较高，则会呈现蓝色。想让照片呈现准确色彩的唯一办法就是拿掉这两个不同色温光源中的一个。当然，如果我们准备把照片处理为黑白效果，这就不成问题了。在这个例子里，我混合了两个色温几乎一样的光源。它们色温的区别难以被觉察，尽管辅光的色温比主光低250 开，但它是用来打亮黑色背景（3）的，而这个背景掩盖了由于色温差别而引起的色彩偏差（不过这个偏差也不多）。

请注意：如果两个光源分别打亮模特脸部的一部分，并且不进行任何后期操作，那么就不可能得到完美、统一的颜色，而这种情况要进行后期调整并不容易，还会影响感官效果。

主光使用 2000 瓦电影灯，把功率调节到最大值的 1/4（1）。由于不可能只用一盏装着500 瓦灯管的工地聚光灯（2）在背景上制造超出 2 挡光圈值的过度曝光效果，因此需要在工地聚光灯之外再配备一盏 500 瓦的灯。电影灯只有 1000 瓦或 2000 瓦两挡功率可供使用，这里用到的灯没有安装可以调节功率的调节器，是通过调整灯与物体的距离并参考曝光表进行调整来达到所需要的数值。需要记住的是，如果是通过调整距离获得想要的效果的话，我们离物体越近，移动距离对亮度的影响就会越明显，1 米的移动距离就可以改变超过 1 挡光圈值的曝光度。

背景被调节为适合光圈值 ƒ/5.6，主光被降低到适合光圈值 ƒ/2.8。快门速度 1/45 秒，感光度为 ISO320，相机被固定在脚架上，因为使用这样的焦距和快门速度，手持拍摄肯定会导致晃动。（抛弃自负，不要总认为自己可以用手持方式或变焦或固定地拍摄快门速度为 1/30 秒、焦距超过 100 毫米的照片，就可以免受很多由于清晰度不足而受到的批评了。）

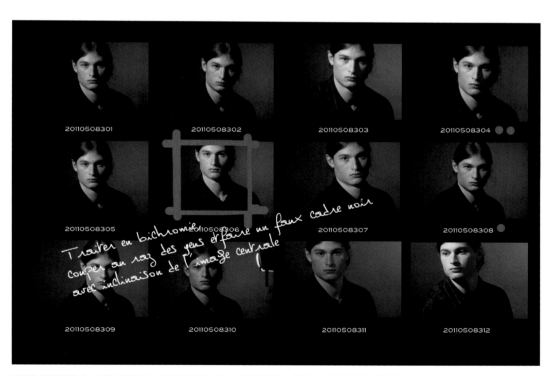

处理为双色调模式，在模特眼睛上方齐平处裁剪，做一个模拟的黑色背景，中间的照片倾斜地放在上面。

159

后期制作

后期没有太多要修改的，只需要对齐取景框两边。尝试这样做的人可能会受到差评，完美主义者难以接受我们简单粗暴地去掉从上方照亮头发的反光。他们想要的布局因为各种官方硬性标准而深受证件照摄影师的喜爱，在全世界的现代艺术博物馆中展出的肖像照都符合这种标准……

对皮肤进行清理，以细致的对比度进行调整并结束"洗印室"的工作。

拍摄方案 43

使用设备

背景	白天的室内（3）
主光	太阳直射光（1）
辅光	
遮光板、反光板、滤镜等	银色反光板（2），反射能力极强
机身	富士 S3 pro
镜头	尼克尔 12—24mm *f*/4　使用焦距：18mm
全画幅 24×36mm	约 18—36mm　使用焦距：27mm（近似值）
感光度	ISO100
快门速度	3s
光圈	*f*/4

　　图例照片是在 5 月 11 日的傍晚拍摄的，当时太阳就要落山了，夕阳的余晖直接从房间高处的窗户照射进来，就像早期的接触印相照片中我们能看到的那种光线一样。打亮模特的光线（1）比环境光更强，通过逆光勾勒出她的肩膀和头发。这种对比度极为鲜明的布光让我们注意到椅背上类似的对比度，也让不被光源直射照亮的区域曝光不足，所以要用一块反射能力很强的银灰色大尺寸反光板（2）来解决这个问题——把反光板放在桌子上，对着模特。还要注意的是，在最小的范围内，书的白页跟房间（3）里所有直接被阳光照到的物体一样会反射光线参与照明。光线的两种强度不够和谐会造成问题，阳光直射的光线制造出非常强烈的对比度，与另一个非常分散且几乎没有对比度的光线相比，这两种光线创造出一张绝对需要进行后期调整的照片。当然，我们也可以将第二块反光板放在模特身侧，也就是照片左侧来重新平衡对比度，但我们没有这块反光板，而去找一样的反光板需要的时间可能会让我们错过阳光。一定要时刻在脑中牢记直射阳光的移动速度是非常快的，十几分钟时间就会让我们错过它。所以一旦它呈现出我们想要的样子时，不要等，赶紧拍。如果取景准备不足，那就记下日期、时间和地点，如果可能的话，第二天就回来拍摄，或者等到第二年的 5月 11 日的傍晚。

　　拍摄选择的相机是富士 S3 pro，它可以特别好地感知并记录照明的巨大差别，拍出的照片其对比度极其鲜明，可能是为那些专业婚礼摄影师设计的。白色婚纱和黑色西装对想要专攻这个主题的人而言是很好的练习素材。相机被安装在质量很好且又重又大的脚架上——这可能跟你在器材商店里被推荐使用的脚架类型正相反——镜子被固定成抬起的位置。射进来的阳光几乎正对着镜头，用遮光罩保护镜头显得特别重要；变焦镜头也不总是进行变焦的，考虑到摄影师需要经常使用其焦距极值，这也是合理的。理想状态下保护你的镜头不受直射阳光影响的解决方法就是，在阳光照射的路线上放置一块遮光板。简单的一块纸板就可以了，通过它在镜头前端透镜形成的阴影调整它的位置。请注意：如果没有遮阳伞，拍出的照片对比度会大大降低，但这绝对不是严重的阻碍。如果你拍的是彩色照片，也许还能创造出汉密尔顿式好看的效果。不过请注意，这种风格不是大卫·汉密尔顿想要的，他的摄影绝技也不仅仅只有模糊或过度曝光的效果。

后期制作

重新裁剪照片，剪成倾斜效果来为照片注入活力，我把它处理成了黑白照片。首先调低了整体的对比度，增强了窗户的光线以突显阳光是从这里照射进来的。然后我加强了模特上半身局部的对比度。在原片中，模特身上的部位有轻微的模糊，是对焦问题，所以就不需要柔化了。在完全调整好灰度后，我又调了整体的对比度。

重新裁剪，处理为暖色调的黑白照片；调整对比度来增强窗户光线的效果。

拍摄方案 44

使用设备

背景	黑色背景纸（4）
主光	750J 摄影灯配柔光箱（1）
辅光	750J 摄影灯配反光罩打亮背景（2） 750J 摄影灯配反光罩打亮背景（3）
遮光板、反光板、滤镜等	
机身	尼康 D2Xs
镜头	尼克尔 18—70mm f/3.5—4.5ED 使用焦距：60mm
全画幅 24×36mm	约 27—105mm 使用焦距：90mm（近似值）
感光度	ISO100
快门速度	1/60s
光圈	f/11
特殊说明	雷达罩（5）不参与本方案的照明

为了获得镜头的最好效果，当我们不追求特殊景深时，光圈值 f/11 更适合。这款入门级但装有 ED 低散射滤镜 f/3.5—4.5、18—70mm ED 镜头的镜片保证了出片的高质量，而这个光圈值可以实现镜头的最好效果。其缺点是大光圈的不稳定性，优点是镜片价格合理。

这支还不错的镜头是我的朋友帕特里克·穆尔（Patrick Moore）送我的礼物，他对设备比对照片更着迷。他只在他的相机上用过一次这支镜头，因为他觉得全光圈的局限让他不舒服，所以就弃之不用了。在摄影棚拍摄的优点在于这盏摄影灯的功率所提供的便利，让我们可以不受技术限制尽情挑选理想的光

圈以得到想要的效果。当我们想要突出清晰度时，可以使用构思时计划使用的光圈值。总的来说，甚至都不用仔细参考盖伊·米歇尔·考内（Guy Michel Cogné）所有出版物中都称得上优秀的作品里提供的特别具体的测试，我们很容易就可以断定光圈值在 f/8 和 f/11 之间，镜头可以达到最好的效果。所以在我看来，这才是这款相机促销套装里带的入门级变焦镜头应该经常使用的光圈。对于镜头的选择，人们还是应该选择大品牌、质量好的镜头，而不是名字充满异域风情的产品。

主光是由柔光箱（1）打出来的，放在模特 3/4 高的对面。黑色背景纸（4）被两盏聚

光灯制造出两个光斑（2）和（3）。

　　请注意：出现在图例中的雷达罩（5）没有被开启，不参与这个方案的照明。灯箱被调整为可以在模特肩膀打出适合光圈值 f/11 的光。光线均匀地分布在被摄区域，这是半身照一般固定采用的模式，即在模特大腿上部的高度达到最大亮度。

　　实际上，根据这里确定的构图，模特将会坐在一个高脚椅上。照明根据模特身体的位置只打亮侧面，我们由此加深了脸部和胸部的光线。背景的照明十分重要，因为它要勾勒出阴影中侧边的轮廓。调整模特脸部的姿势，使光线在其眼睛下方勾勒出一片三角形的区域。脸部的倾斜度对于控制这个光线很重要，如果我们发现模特脸颊缺少阴影或光线，可以调整灯箱的高度。

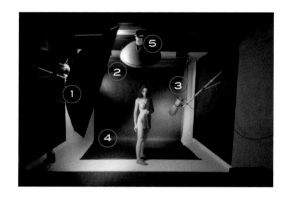

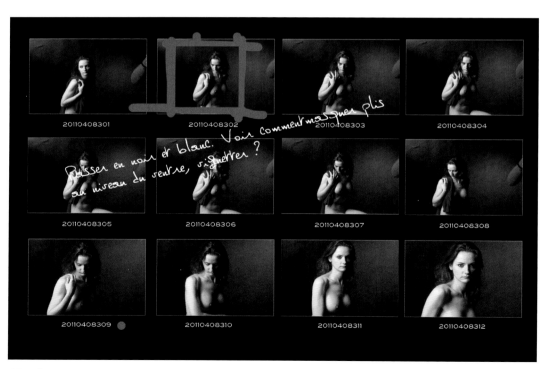

改为黑白照片。看看如何能遮住肚子的褶皱，晕影效果。

后期制作

照片在腰线、肚脐高度的位置进行裁剪，且被裁剪得更宽，因为如果我们想要处理为竖幅照片就需要有空余量，这一点很重要。实际上，这样的取景需要很注意，当我们过度关注某个阴影或目光时，可能会缺乏好的构图。在我们看来，如果这两点都完美无缺的照片却因为裁剪得太小而不能使用，没有什么比这更让人难受的了。我挑选的照片是最开始调整姿势和背景光时拍的那些照片，所以模特在测试期

间安静地坐在高脚椅上，骨盆也没有处在最理想的位置，肚子很明显。

处理好后，照片中模特的骨盆一侧被加入晕影效果以遮住肚子。我更喜欢连接左上右下对角线的构图，而不是相反。这个对角线由指向照片右下角的手臂和目光所及。因为取景时发现翻转灯光需要的时间太长了，我选择在后期处理时翻转照片。

一处光源和一块反光板？

仅用一处光源拍摄不是一个充满灵活度的方式，而是一种创造，特别适用于男性棱角分明的脸部打光，这也是我经常使用的一种方案，不管是人造光还是自然光都是如此。

在一些照片的拍摄中，需要降低由这种类型的打光产生的对比度。想实现这一效果很不容易，最简单有效的办法是使用一块反光板，通过反射单一光源的光来打亮物体。在用这个配件时要考虑两个参数：反射光线的质量和数量。

光线的质量

1. 只需要用一张纸，或者任何其他表面是白色或浅色的物品，如此我们会获得一个反射光。它的唯一缺点是比主光更柔和（因为它会散射），这可能会造成打亮物体的灯光质量不平衡。不过只有极少数看到照片的人会注意到这个不协调的光线，并且认为这对照片效果有干扰。

2. 一张被弄皱再抚平的锡箔纸而不是白纸，可以为我们充当很棒的反光板。弄皱再抚平，在锡箔纸表面制造反射光线并让它们打向物体的小平面，这比主光功率更大也更接近主光的质量。

光线的数量

选择好反光板的类型和尺寸后，就要确定反射光线的亮度。跟之前一样，这里是运用平方反比定律来计算的。更确切地说，它是计算的基础，因为这里还要考虑到反光板的反射能力。比较快捷有效的解决方法有二：一是使用持续光源；二是调整物体和反光板的距离，并借助闪光指数测定器来实现需要的效果。

注意：很明显，在所有情况下反射光的强度都将弱于主光。

3.镜子作为反光板使用可以反射与主光源质量相同的光线，这个解决方法很高效但相当难控制！

拍摄方案 45

使用设备

背景	蓝色背景纸（5）
主光	去掉反光罩的 1000J 单筒摄影灯（1）
辅光	一面镜子（2）
遮光板、反光板、滤镜等	两块白色塑料板（3）和（4）
机身	尼康 D2Xs
镜头	尼克尔微距 60mm f/2.8
全画幅 24×36mm	约 90mm
感光度	ISO100
快门速度	1/60s
光圈	f/11

我们不会每天都拍摄柠檬切片的照片。在这张用单一光源拍摄的图例照片中，比照片本身更值得注意的是拍摄技巧，光源就是一盏不装反光罩的单筒摄影灯（1）——不过一只灯泡也能达到同样的效果。"也能"可能有点夸张了，显然，摄影灯发出的灯光不管是在数量上还是质量上都比裸灯泡好，尤其在拍彩色照片时。当我们拿没有理想的手段和拍摄设备作为借口而放弃摄影的快乐时，这种想法绝对是错误的，我们无论如何都要避免这种错误的想法。

这个光源配有两块比被摄物体大很多的反光板（3）和（4），以及扎在橡皮泥上的一片碎镜子（2）。我说过在摄影棚摄影时镜子是多么有用，比如用不小心摔碎或特意弄碎的镜子可以组成一套迷你反光板，效果绝佳。一直有人说打碎镜子会带来厄运，但这从来没被证实过。把它们放置在如图例所示的位置，可以不做任何调整直接使用，由此可以创造出在宣传啤酒或威士忌的玻璃杯照片中那种让杯子透明的反射光线……不过你也知道，这些酒得适量饮用哦。

取　景

为了保持新鲜度，柠檬是在拍摄前的最后一刻才切的，用牙签支撑着放在拍摄位置上。根据自己想要制造的阴影的形状放置摄影灯，然后将镜子放在取景的轴线上来打亮柠檬，使它变得透明。为了方便拍摄，将相机固定在脚架上。主照明柔和的灯光来自于不安装反光罩的摄影灯及两块白色塑料板，它们大量地反射光线。如果追求特殊效果的话，也可以通过更有指向性的水平光线（比如加装蜂巢网格），突出柠檬切片皮上的白色脉络。

我使用的镜头是全画幅镜头，这就意味着它不需要额外配件就能达到 1:1 比例的拍摄效果。另外，在这个拍摄方案中，相机距离被摄物体比较近，方便我们研究怎样能够把这款镜头的能力发挥到最大。选择光圈值 f/11 是因为它可以保证在发挥镜头最大效果的情况下拍出我们想要的景深。

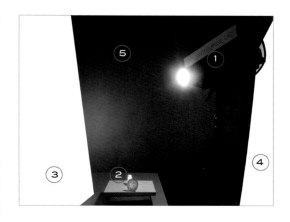

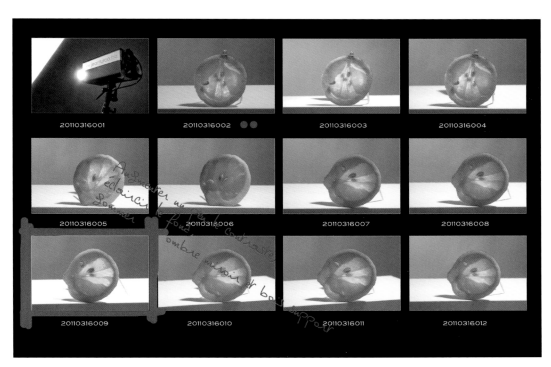

略微提升对比度，调亮背景，擦掉镜子的阴影及牙签。

后期制作

数码摄影的魔力就是使修改照片变得极为便利，比如去掉支撑的牙签、镜子的阴影和支撑镜子的橡皮泥，这在 15 年前还需要由专业人士进行操作。那时候，在取景时就得避免或控制前面提到的牙签和阴影。

清理好后，精修柠檬的透明部分，调整对比度和灰度。

拍摄方案 46

使用设备

背景	黑色背景纸（5）
主光	750J 爱玲珑灯配柔光箱（1）
辅光	750J 爱玲珑灯配柔光箱（2） 500J 爱玲珑灯配束光筒（3） 500J 爱玲珑灯配标准反光罩及挡光板（4）并将其放在柔光箱（2）后面
遮光板、反光板、滤镜等	
机身	尼康 D2Xs
镜头	尼克尔 55mm f/1.2
全画幅 24×36mm	约 82mm
感光度	ISO100
快门速度	1/60s
光圈	f/11

一些读者应该已经注意到了，正方形的规格现在远不是我优先考虑采用的。比如在我使用尼康单反相机时选择使用正方形构图，会让我损失图像传感器中 1/3 的像素。选择正方形构图是因为我之前几乎总是用哈苏相机，习惯使然，拍摄不是正方形的其他规格会有困难。总得有优点吧？我不觉得。恰恰相反，当我们想把照片运用到出版物上，正方形构图绝对是一个阻碍。杂志的尺寸跟正方形照片的契合度相当差，放在一个单页上，照片就会显得太小。如果想要保证高清晰度，就得重新调整位置或重新裁剪。个人做法是固执地（不怎么有商业头脑）拒绝将照片重新调整或裁剪成两部分刊登在两页上。这种跨页印刷的解决方法在我看来与调整或裁剪一样，都十分荒谬，肯定会破坏构图平衡。

如果你是专业摄影师，而且还没习惯失败，那就想想自己想要让照片拍成什么样子。如果出版物是你的目标，就要思考最容易使用的照片规格是什么。

但把理智放一边，只为兴趣的话，我觉得我们都会很自然地拍一张自己喜欢的尺寸。如果只为了满足个人兴趣来进行拍摄，那大家肯定都会把照片拍摄成自己喜欢的尺寸。我个人特别喜欢拍摄正方形的照片，或者接近 4×5 英寸和 8×10 英寸两个尺寸的照片。我确实也偶尔会拍摄 24 × 35 英寸的照片，但其实这个尺寸不在我喜爱的照片尺寸之列。

不管怎样，如果你跟我的选择类似，而且也想拍摄正方形的照片，使用单反相机时很重要的一点就是让它一直保持水平，并在一开始就确定照片的上下边界，这是唯一能拍出好看的正方形照片且不会过多损失像素的方式。

用这种方式我们会损失 1/3 的像素，这已经很多了。竖直使用相机的风险在于要么拍出的物体太长没法放在正方形构图里，要么我们在考虑正方形尺寸时表现得过于谨慎小心或慷慨大方，又或者二者兼而有之，那么就会浪费更多像素。

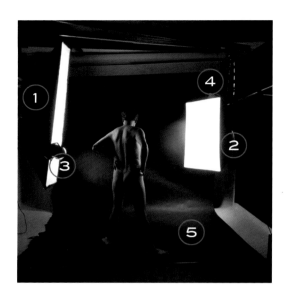

取　景

750 瓦摄影灯配上放置得较高的窄柔光箱（1）从模特身后的高处打出主光。将第二盏

摄影灯（2）安装在功率一致的柔光箱内，放在非常靠后的位置，只用它来勾勒模特身体右侧的线条。除了照明作用，这盏灯的作用还包括呈现出背景纸（5）的边缘。背景纸的边缘用两个 500 焦的光源进行处理，第一个光源（4）

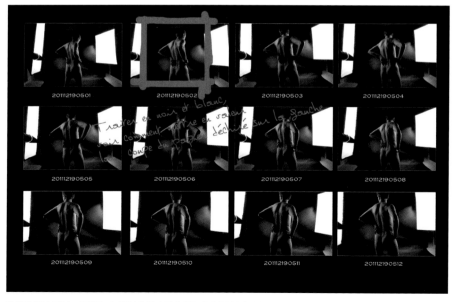

处理为黑白照片，看看如何通过裁剪突显背景纸左侧被扯破的部分。

在柔光箱后面，借助挡光板来避免模特身上多余的反光，这个光源在背景上可制造出边缘不规则的亮区。第二个光源（3）装有一个束光筒（这是一个简单的金属圆锥体，没有光学镜片，把光线限制在一个圆形的范围内，并能根据聚光灯放置的距离调整圆形的大小），可以提升模特身体左侧背景的亮度。束光筒、追光灯或带有 Gobo 片的聚光灯差别很大，后者是有光学镜片的，可以聚焦光线。

根据布光的情况将相机光圈值调整到能与之相适应，这里的布光情况为：主光对应光圈值 $f/11$，辅光适合光圈值 $f/11$，带遮光板的摄影灯（4）适合光圈值 $f/22\frac{1}{2}$，束光筒（3）适合光圈值 $f/22$。

后期制作

简单地用高斯模糊滤镜柔化。

拍摄方案 47

使用设备

背景	黑色背景纸
主光	250W 工地聚光灯（1），配半透明反光伞
辅光	500W 工地聚光灯（2）
遮光板、反光板、滤镜等	
机身	尼康 D2Xs
镜头	尼克尔 55mm $f/1.2$
全画幅 24×36mm	约 82mm
感光度	ISO100
快门速度	1/30s
光圈	$f/5.6$

长久以来，对于想要投身肖像摄影又不想花费太多的人而言，工地聚光灯一直是最经济实惠的设备。除了价格合理外，它还有其他优点。简单来说，它可以被固定在脚架上提供良好的拍摄质量，而且还可以被放在足够高的地方有效地打亮一位坐着的肖像模特。这些装着基本款反光罩的灯打出的光线相当硬，可以用来照亮一名男性，虽然对比度很生硬，但我更愿意把它的效果柔化一下，比如插入透明绘图纸、半透明玻璃片、塑料泡泡纸等。这里用的是一把半透明的反光伞，最大的难点在于把反光伞固定在聚光灯上。在许多次徒劳无功、毫无效率的尝试之后，我选择用胶带，这又一次证明了它是在摄影棚拍摄时摄影师最好的朋友。

请注意：马和狗拥有"人类最好的朋友"的称号，我很喜欢它们，只是在这里它们不能帮我固定反光伞。

取 景

首先，我调整了带有半透明反光伞的聚光灯（1）的高度位置和朝向，让它能准确地打亮模特的眼睛。因为模特戴着可能会产生反光的眼镜和一顶帽子，这是肖像照中很重要的道具之一，帽子的形状和佩戴方式使它成为需要被处理的对象，因为翻折的帽檐挡住了模特的眼睛。我把灯的功率降低了一半，把 500 瓦的灯管换成了 250 瓦的。用来处理背景的第二盏聚光灯的功率要求比这盏聚光灯要高，这一点很重要，所以降低灯管的功率比提高功率更为明智。把 1000 瓦的灯安装在一个非专业用途的电子设备上会损坏聚光灯，非常危险；而最主要的危险是大量发热，可能会熔断某一条连接反光罩的电线，从而造成短路。

第一盏灯光调整好后，我就要处理背景照明了。为此我用了一盏一模一样的工地聚光灯，上面装着 500 瓦原装灯管（2）。需要过度曝光 2 挡光圈值才能得到想要的灰色背景，即使亮度已经被反光伞降低了，但我还是调整了灯和被摄对象的距离。工地聚光灯跟家用白炽灯正相反，一般不具有可以简化这个调整过程的变阻器。

处理为黑白照片；光线偏硬，看看模特腿部露出来的位置有没有问题，如果有需要的话就调整位置然后擦掉它。

后期制作

这张照片是传感器中没有经过处理的原片，它仅仅被调整为我在取景构思时的那个尺寸。灯上的保护网产生的阴影本来可以很容易地擦掉，但我觉得它挺有意思，不会让人不舒服，所以就把它原样留下了。

拍摄方案 48

使用设备

背景	将资料箱（5）放在黑色纸背景上（6）
主光	家用白炽灯（1）
辅光	两面镜子（2）和（3）
遮光板、反光板、滤镜等	一块保护镜头不受余光影响的遮光板（4）
机身	尼康 D2Xs
镜头	尼克尔 18—70mm f/3.5—4.5　使用焦距：60mm
全画幅 24×36mm	约 27—105mm　使用焦距：90mm（近似值）
感光度	ISO100
快门速度	1/8s
光圈	f/8

　　一盏简单的家用白炽灯，如果我们没有的话，花上不到 10 欧元就能买到，可以用来为静物照明。这种灯的功率相对有限，通常装的是 150 瓦到 250 瓦的白炽灯管，相机需要的曝光时间很难适用于拍肖像照，因为不管是手持拍摄还是放在脚架上拍摄都有晃动的风险。最好不要提高灯管的功率，因为这种灯的变阻器和供电线是按灯原本的功率而安装的。把灯管提高到 500 瓦或 1000 瓦的功率可能会导致一些问题，要么会烧坏变阻器或烧断电线，要么会让电线的涂层因为过热而融化，使它们相互接触或接触到灯的金属结构而引起短路。

　　只有一盏白炽灯并非意味着只能有单一的光源，通过摆放镜子，我们可以轻松且高效地捕捉一部分光线，并把它转化成一个或多个辅光。与反光板不同，镜子能反射大部分的光线，打向物体的反射光的强弱变化基本上只受平方反比定律所限，所以强弱值与镜子和物体的距离有关。

　　因此，在这个图例中，我们会发现镜子（3）反射回来的光线比镜子（2）的更强。如果我们想要调整强度，只需要改变镜子和被摄对象之间的距离即可。

取　景

　　被切成片的红洋葱的切面会逐渐变干，如果可能的话，在拍摄现场把整个过程记录下来，因为观察这个演变过程会很有趣。

　　主光被放在逆光位置（1）靠后的地方，

而且用遮光板（4）保护镜头很重要，根据它挡光的效率来调整角度，并通过它在相机前端透镜打出的阴影来检验它的效率。当然，相机是被固定在脚架上使用的。

接下来要放置镜子（2）和（3）作为辅光，而且通过增加镜子的数量可以增加辅光的数量，除了要掌控镜子的角度之外不会造成其他问题。我用的是曼富图（Manfrotto）三脚架（型号 Magic Arm 143 RC），这是一件很出色的工具，就是价钱太高。别犹豫，入手一个——如果你是土豪就买新的，如果你还没到这个地步就买二手的。

只要镜子碎片不是太大、太重的话，找一个用来进行焊锡焊接工作的桌面支架来固定镜子碎片是个特别好的方法。这种支架上面有两

个夹子，可以用来把镜子碎片固定住。这种架子上本来还带有一个为了便于焊接工作而特别设置的小放大镜，固定镜子碎片的时候你可以

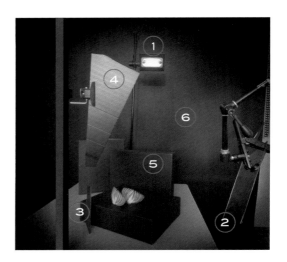

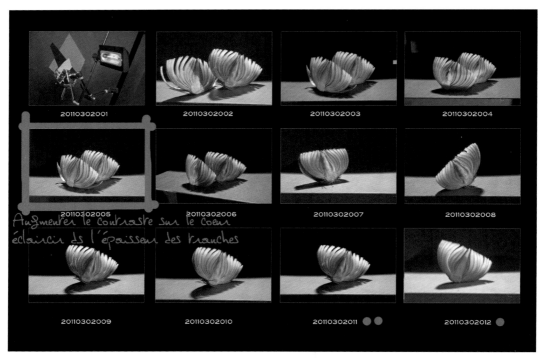

提高洋葱心的对比度，调亮每一片洋葱的亮度。

把那个小放大镜卸下来。我们能在 eBay 二手网或东欧商贩贩卖工具的集市上买到，我们能在他们放着廉价打火机、假徕卡相机、瞄准镜、图标和手表的货摊上淘到这些东西。不必要求它们有非常严格的生产标准，不管是产自哪里，5 欧元左右就可以下手买。

另一个解决方法是找一根不易弯曲的铜制电线，直径适合，但又很容易被拧弯或拉直，而且可以支撑住用胶带固定的小镜子。

我们通过改变镜子与物体的距离、朝向和尺寸来调整镜子反射光线的强度。

后期制作

基本没有什么要调整的，只需要微调对比度和灰度。

柔光箱 VS 超简自制柔光箱！

在"灯箱／柔光箱"一节中，我们看到了如何用几块压缩板、三盏 85 瓦节能灯和一张半透明塑料纸就能以很少的花销做出一个柔光箱，灯光效果还能跟 1500 瓦的光源一样。

为了反驳那些没法想象布光且可以不用最新款保佳、布朗（Broncolor）或保富图（Profoto）塑形灯的赶时髦的人，也为了消除存疑者的疑虑，我在此推荐你来"盲品"，比较一个自制柔光箱和一个配有 Chimera 为戈达尔（Godard）代工的柔光箱的保佳摄影灯的效果。就价钱而言，这是一个不到 40 欧元的设备和一套不含税也要 4000 欧元的设备的较量。

为了能让你的判断不受对"东拼西凑"设备的成见的影响，你在这两页中不会找到任何能让你把成片和使用设备对应起来的提示。

客观看，如果说在照片效果上的区别非常有限，那么与此相反的是这两个设备没有可比性。一方面，自制柔光箱笨重且难以使用，在它下方配备一个脚架的固定装置在很大程度上简化了操作。但如果它比网上或传统商店里轻便的柔光箱还要贵的话，那我们这个昂贵的制作就丧失了它的优点和意义。

另一方面，它的功率相对较低，只有 1500 瓦。在这些取景中，它用感光度 ISO 100、光圈值 f/11 和快门速度 1/8 秒对应的曝光时间比不上摄影灯能达到的更高的快门速度。基于这里拍摄的对象来看，这不会构成什么问题，也就是说给静物拍照没有问题，但如果是给人拍摄肖像照的话，在灯的选择上还是要适合大光圈小景深的相机设置。使用光圈值 f/1.4、焦距 50 毫米或 DX70 毫米将是拍摄这类照片最完美的选择，因为它可以在光圈值 f/1.4、f/2 或 f/2.8 和快门速度 1/60 秒的情况下拍摄，从而降低晃动的风险。

总之，自制柔光箱作为专门拍摄静物照和运用小景深拍摄肖像照的摄影棚固定装置来说，是一个特别有效的解决方案。对于固定在脚架上或手持拍摄的动态取景和其他肖像照来说，柔光箱配摄影灯则是不可或缺的解决方案。

拍摄方案 49

使用设备

背景	黑色背景纸（3）
主光	750J 摄影灯配柔光箱（1）
辅光	750J 摄影灯配柔光箱（2）
遮光板、反光板、滤镜等	无棱角白色地面形成的反光（4）
机身	尼康 D2Xs
镜头	尼克尔微距 20mm f/2.8
全画幅 24×36mm	约 30mm
感光度	ISO100
快门速度	1/60s
光圈	f/11

我不反感被人注意到背景纸（3），甚至会执意打亮它，我把它的某条边缘放入照片里的情况并不少见。如果它被损坏了，这也是它积极参与了一个不为人知的经历而留下的见证，这个见证让我觉得它构成了更真实的生活，所以我经常拒绝擦掉它，并把它多展开 2 到 3 米。

如同这里的图例，纸被以很不寻常的形式立起来，它会接收光线，而且几乎水平的光线照射在它的褶皱上所产生的阴影会更容易从背景中显现出来。

用胶合板做的立方体和长方体比压缩木料做得更轻、更结实，但要把它们涂成黑色或白色。你可以选择无数不同的卷轴背景纸的颜色，这些都是我喜欢用来拍摄人体的要素。立方体外形的精密度和硬度与人体的线条形成了让我觉得很舒服的对比，如果立方体是浅色的，甚至还能通过反射一部分光线的方式辅助照明。

取　景

主光来自放在（1）号位置的摄影灯，将强度调节为在模特身上打出适合光圈值 f/11 的强度。它的位置离背景很近，甚至能打亮背景，给背景加上一个浅色的晕影效果。这个效果被辅光（2）加强了，而辅光的作用是勾勒出模特身体左侧的轮廓。

立方体（更确切地说是白色长方体）反射了一部分光线，并且投射出一些阴影。

后期制作

重新裁剪尺寸，原片拍到了一部分摄影灯，被我去掉了。对不同区域的对比度和灰度进行调节，调整立方体的白色并让它突显出来。然后加上晕影效果，特别是左边的区域，白色突出了模特看向照片边框之外的目光。地面被清理了，因为原片里有一些容易吸引观者目光的痕迹。所有都调整完后，用图层和高斯模糊柔化照片。使用国际潘通色卡（每个人都知道这个得到国际认可的品牌）Warm Gray 7C 和 Black 6C 的双色调模式，形成暖色效果。最后调整对比度和灰度。

处理为暖色调的黑白照片，通过晕影效果提高视角，去掉左边的摄影灯。

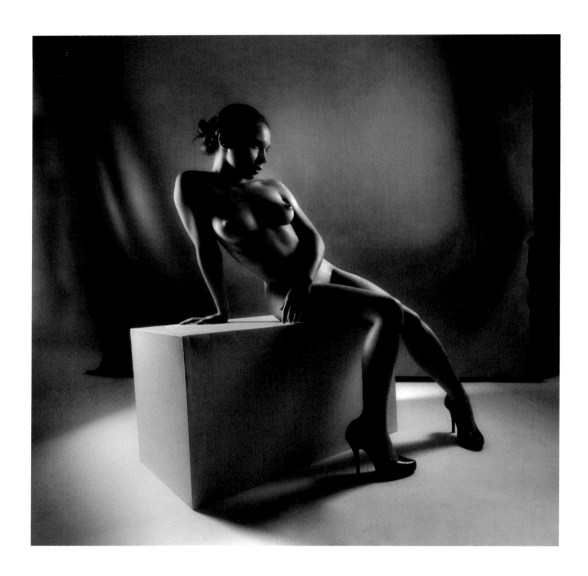

拍摄方案 50

使用设备

背景	黑色背景纸（5）
主光	750J 摄影灯配柔光箱（1）
辅光	750J 摄影灯配柔光箱（2） 750J 聚光灯配备反光板及遮光罩（3），放在柔光箱（1）后面 750J 聚光灯配备反光板及遮光罩（4），放在柔光箱（2）后面
遮光板、反光板、滤镜等	
机身	尼康 D2Xs
镜头	尼克尔 35—70mm f/2.8　使用焦距：50mm
全画幅 24×36mm	约 50—105mm　使用焦距：75mm（近似值）
感光度	ISO100
快门速度	1/60s
光圈	f/11

如今，数码相机在某种程度上取代了已经几乎消失的宝丽来相机，成为测试取景时的设备。我们可以推测现在使用数码相机立刻判断曝光质量这种方式未来也可能会过时。在那些大师级的摄影棚里，用的是温差电色度计、曝光表和其他闪光指数测定器。

如果说 Raw 文件功能和自动白平衡让人们减少了使用温差电色度计的兴趣，那么曝光表和闪光指数测定器在任何情况都不应该被放到 eBay 二手网上拍卖，在那里它们卖不出什么价钱，只能获得一点点与买它们时花的钱完全不成比例的收入。

如果使用的是单一光源的话，实际上我们可以试拍一张照片，并根据相机实时显示出的图片参数对曝光效果是否满足我们的拍摄需求进行判断。但如何在多种光源的情况下只用这些工具测量，甚至在工具不足的情况下比较光线的强度呢？而且，我在一些工作坊活动上经常注意到，那些以前没参加过类似活动的业余摄影爱好者对于这些操作总是不熟练，甚至完全无法正确操作。这种情况虽然不是每次都出现，但也很常见。

至于我自己，我承认在许多光线共同作用的时候想做到认真、专业地拍摄，不可能不先测量和对比曝光度。能够平衡光线是很重要的一点，因为我们的目标是在拍摄中获得理想的原片，所以它要同时包含高光和低光的信息，而不是依靠使用 Photoshop 重新平衡灰度。

如果设备不全（或者根本没有），同时人造光线吸引着你，就上 eBay 二手网吧。你能在那里找到和买到那些与我观点不同的人的设备。想知道要花多少钱？你知道的，一个高森（Gossen）或布朗的卖 500 或 600 欧元的闪光测定器很少会在拍卖时高于 90 或 100 欧元。在这个价钱下，对自己好点吧，买最好的。

至于我用哪个都行，不过我觉得布朗的 FCM 挺好的。

取 景

为了不出意外地拍摄一张用了 4 个光源的照片，应该测量以下 5 点，这样它们相对于主光才能平衡。

1. 主光（1）决定其他光。
2. 根据主光平衡辅光（2）。
3. 与主光相比，背景光（3）要多 1½ 挡光圈值。
4. 与主光相比，背景光（4）要多 2 挡光圈值。
5. 控制背景反射光——闪光指数测定器放在高处，模特朝向背景。

如果你总是用同样的设备，在同样的摄影棚采用同样的构图，那么这样的测量肯定会大大地被简化。但应该确认设定好的数值没有不小心被改变。

后期制作

后期制作没有什么特别要做的，只需要夸张背景纸（5）上开裂的位置，借此形成目光的轴线。然后用高斯模糊滤镜柔化照片。

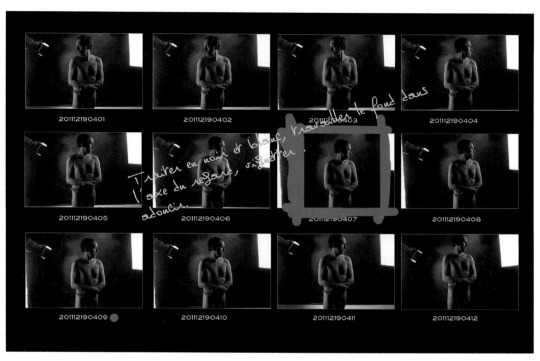

201112190401　　201112190402　　201112190403　　201112190404

201112190405　　201112190406　　201112190407　　201112190408

201112190409　　201112190410　　201112190411　　201112190412

处理为黑白照片；根据模特目光的轴线处理背景；晕影效果，柔化。

拍摄方案 51

使用设备

背景	黑色背景纸（1）
主光	1200J 摄影灯配柔光箱（3）
辅光	1000J 单筒摄影灯配银色反光罩和挡光板（2）
遮光板、反光板、滤镜等	黑色遮光板（4）
机身	尼康 D2Xs
镜头	尼克尔 35—70mm f/2.8　使用焦距：50mm
全画幅 24×36mm	约 50—105mm　使用焦距：75mm（近似值）
感光度	ISO100
快门速度	1/60s
光圈	f/11
特殊说明	黑色遮光板保护模特不受摄影灯（3）余光的影响

为了打亮模特埃琳娜（Elena）的面孔，我用了一个特别窄的柔光箱，它的宽度只有 25 厘米，而高度有 125 厘米。这个柔光箱被安装在一个接在保佳 A2400 焦电源箱的 1200 焦输出端口上的摄影灯上。拍摄时只用了这一个光作为打亮模特脸部的光线，根据观察这盏造型灯在模特眼睛里形成的反射，我们很容易就能看出这里只用了这一盏灯来布光。

调整摄影灯，使鼻子的阴影与照片左边背对灯光的脸颊处形成三角形。另外，这盏摄影灯被放置在一个能够略微减轻塑形灯笼罩效果的位置，同时多少发挥了一块大反光板的作用。重要的是要正确研究好这个造型灯的曲线，避免在照亮的区域产生让人不舒服的热点。热点虽然很难避免，但仍应该在布置摄影灯时就检查好用来修正光亮热点的内部网布是否处在最完美的位置。

取　景

在（3）号位置的摄影灯打出主光，被调整为在模特下巴处能获得光圈值 f/11 对应的亮度。模特坐好后，我在黑色背景（1）上制造了一个深灰色的区域，并用与照片里模特脸部和肩膀相同效果的光线来照亮这个区域，借此突出轮廓。而抬起 1000 焦单筒摄影灯的挡光板（2），则可以突出背景上的这种照明效果。当背景是黑色时，打一束强光很重要，因为它会有规律地过度曝光。所以如果我们想要在被摄对象上用 $f/11$ 的光圈值，那么使用的设备应该能够在背景上产生对应从光圈值 $f/16$ 到 $f/32$ 的光。这个图例受到了保佳 1200 焦装有柔光箱摄影灯功率的限制。

后期制作

除了重新裁剪，这张肖像照不需要在后期有太多的操作，这个步骤被简化为轻微地柔化处理。柔化则通过在两个图层上有选择地使用滤镜来实现，在这两个图层上使用模糊蒙版，抠出清晰的区域，最后实现如哈苏滤镜一般的效果。

20110213001 　 20110213002 　 20110213003 　 20110213004
20110213005 　 20110213006 　 20110213007 　 20110213008
20110213009 　 20110213010 　 20110213011 　 20110213012

拍摄方案 52

使用设备

背景	背景纸（3）
主光	1200J 单筒摄影灯配银色反光伞（1）
辅光	
遮光板、反光板、滤镜等	100×200cm 白色塑料反光板（2）
机身	尼康 D2Xs
镜头	尼克尔 12—24mm ƒ/4　使用焦距：18mm
全画幅 24×36mm	约 18—36mm　使用焦距：27mm（近似值）
感光度	ISO100
快门速度	1/125s
光圈	ƒ/22

　　给孩子拍照经常是个麻烦事，乐于拍这类照片的人很少，取景条件好的时候，拍摄会进行得比较快，在室外拍摄也相对顺畅。在室内拍摄时，灯光会让拍摄复杂化，还会受制约，"拍照游戏"对小孩来说更显得没有吸引力了。

　　带着一盏闪光灯，最好是摄影棚的，以及一把跟它搭配的反光伞，就能实现把"苦役"变为乐趣。这种乐趣还会随着拍摄我们构思的照片的便利度增加而增多，这需要一点点运气和许多次的尝试。

　　困难不在技术上，因为与拉近的肖像照不同，由于使用了反光伞，一旦灯光调节好了，我们能得到一个高光的区域，这个区域里模特变化的不同位置也一直会被灯光照着。所以，只有位置和按下快门的时机是个问题。数码相机拍摄的优点就是通过使用摄影设备立刻展现每次取景拍出的结果，我们让模特也加入了自己肖像照的创作中。风险就是小孩子可能平时不被允许乱动这些设备，在我请求他尝试之后，他可能会喜欢玩这些摄影设备。

　　确定好了他可以变化位置的区域后，只需要让他跳起来而不用害怕相机晃动或操心相机上的曝光度了，因为从曝光被设置成光圈优先模式的那一刻起就由摄影灯决定了。如果你的相机调的是 1/60 秒，实际上照片的曝光度会在 1/500 秒或 1/1000 秒。因此，所有的大幅度动作都可以接受，也都能被正确地记录在文件里。你的"小天使"可以想怎么手舞足蹈就怎么手舞足蹈，可以展现在你看不见的时候，与小伙伴们在休息时"小恶魔"的一面了。

你应该会在拍的一大部分照片里发现模特的头或脚不见了。理论上，如果你是在一栋被1948年的法律认证为受保护的住宅楼梯平台上拍摄的话，你应该能在邻居来之前拍到让自己满意的照片。

圈值设定对应布光的方案下，模特有尽可能大的活动区域。只要对着起跳点对好焦，27毫米焦距提供的景深就足够了。关闭自动对焦功能，因为在运动中它可能会丢失在被摄对象上的焦点，然后徒劳无功地不停"对焦"。

取　景

使用的摄影灯（1）是一盏1000焦的大功率单筒摄影灯，它被放在尽可能远的地方，然后抬高到碰到天花板为止。这盏装有银色反光伞的摄影灯指向模特，灯光特别亮，并且反射到天花板和反光板（2）上，反光板是一块1×2米的白色塑料板。这个柔和且包围住模特的光线被调整为在跳跃时达到适应光圈值f/22，以确保（根据平方反比定律）在单一光

保留反光板的白色？如果这样做的话，就把图像裁剪为正方形。

后期制作

后期制作只需要确定裁剪边框来展现背景并呈现动作，如果裁剪得足够好的话，应该就会让大家忽略我竟然又用了自己都强烈不建议的正方形构图吧……

拍摄方案 53

使用设备

背景	背景纸（4）
主光	250W 家用白炽灯（2）
辅光	2000W 电影灯（1）
遮光板、反光板、滤镜等	白色反光板（3），A4 纸
机身	尼康 D2Xs
镜头	0.26mm 针孔相机镜头
全画幅 24×36mm	
感光度	ISO100
快门速度	8s
光圈	

结合使用数码相机和针孔相机在完美主义者眼中毫无疑问就是歪门邪道，他们只认可其中一种的使用。冒着惹怒他们的风险，当对被摄对象进行钟表匠一样精确无误的计算后，如果我觉得非常适合使用针孔相机镜头，那我很少会不用。菲利克斯·多梅克（Felix Domecq，我跟他一样都是法国艺术家协会成员）是这种拍摄手法的专家。我之所以乐意组合使用过去的技术和现在最新的技术，借助数码技术替代过去的冲印技术，是因为多年冲印室的工作让我很受不了那个味道，我要向帮我摆脱了用连二亚硫酸盐味道的亚里士多德（Aristote）、海什木（Ibn Al-Haytham）和达·芬奇（Léonard）表达敬意。

补充一句，这种混合技术远远称不上是新技术，虽然它震惊了几个当代针孔相机的爱好者，但它没能震惊弗美尔（Vermeer）、瓜尔迪（Guardi）或加纳莱托（Canaletto）。

取 景

主光是 250 瓦家用白炽灯管（2）发出的光，从被摄物体对面高 3/4 处打出。用一张白纸充当反光板（3），反射出光线。我们可以通过改变反光板和物体的距离，或者改变反光板的材质来调整反射光线的强度。比如说，一张食品专用锡箔纸，揉皱再抚平，借此减弱它的镜面效应，可以反射出非常强的光线，能与辅光相媲美。使用这些反光板时，只会在某些特定情况下因为主光的硬光和反射光的柔光产生协调性的问题。背景（4）被一盏用了一半功率的 2000 瓦摄影灯（1）打亮。

针孔相机的一个难点就是它不太可能精确地调整位置，因为针孔的尺寸所产生的大光圈值跟单反相机显然不一样。需要试探着校准取景框，这是很容易实现的。除此之外，在调焦上就没有什么大问题了。因为在高光圈值（ƒ/180 或 ƒ/256 左右）的设定下，景深几乎被从几厘米延伸到无穷大。

脚架在这里必不可少，此外使用遥控快门并且把相机设置为反光镜预升模式也是不可忽略的操作。

出于美观原因，我把白平衡调成了自动挡，将就一下它的低效率吧。如果是用 Raw 模式拍摄的，可以在后期制作时修改它。

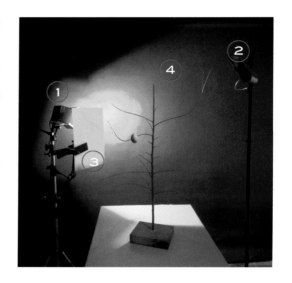

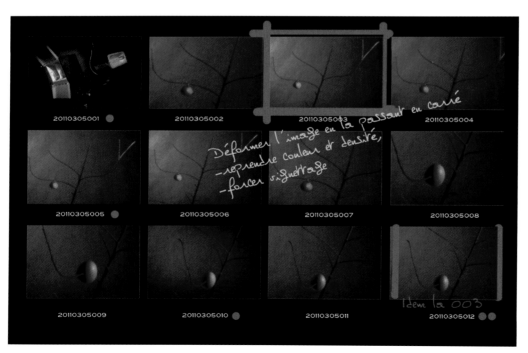

把照片裁剪成正方形，重修颜色和灰度，加强晕影效果。

后期制作

我彻底地调整了选出的原片，通过改变长宽比，使我们在最终的成片中感受到数码技术在后期制作中占有的重要地位。请注意，在传统拍摄中，同样的结果或多或少是通过倾斜台子得到的，为了保证清晰度，同时要摇晃镜头和负片放大器，以此根据沙姆定律（Scheimp-flug）来对齐各个平面。

因为这个布光方案会突出弄脏传感器的最细微的灰尘，我对照片进行了清理，然后加入了轻微的晕影效果。最后，我调整了对比度和灰度。

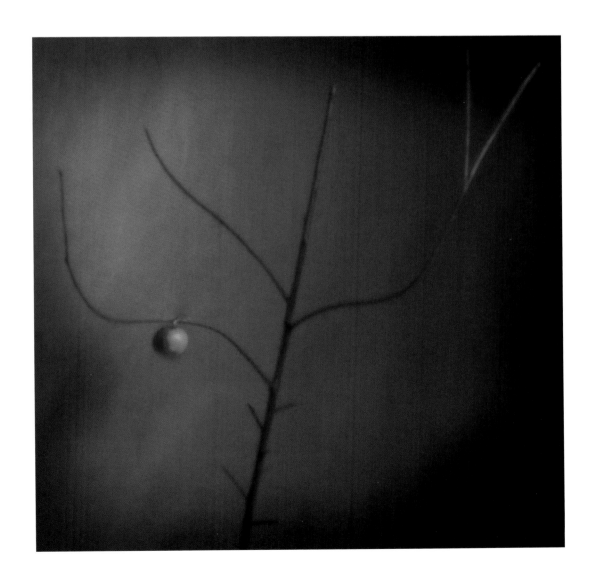

柔光箱：什么效果？什么尺寸？

当你需要配备一个柔光箱时，多半会问自己关于尺寸的问题。在这一点上，品牌很重要，如果我们没有尝试过被推荐的不同款柔光箱，就不容易做出选择，尤其在网上购买时。

第一个问题是闪光灯兼容性的问题，你可以买到适用于几乎所有机身的转换环，但贵得离谱。所以，如果你有很多不同牌子的闪光灯，那么根据自己最经常使用的光源种类来选择是很重要的。为此，我们还要考虑到柔光箱和内网会降低灯光亮度，使闪光灯损失一大部分功率的问题。如果打算拍全身照，优先根据功率最大的闪光灯的尺寸来决定柔光箱卡盘的型号。

柔光箱的效果与朝北开的窗户效果差不多，都是用柔光柔和、精致地照在模特身上。在我看来，这是拍人体或比其他照片更要求柔和度高的女性肖像照最理想的光源。

至于柔光箱的尺寸，取决于你想要拍摄的效果。小型的柔光箱打出的光笼罩效果差一些，对比鲜明一些。放在离物体远的地方，柔光箱实际上就像大型反光板。然而这种小型柔光箱对于拍摄紧凑的肖像照而言具有很大的优势，它可以挪近至物体能被打上笼罩光线的距离。

我会用高于 1 米的柔光箱，超过这个尺寸就需要多个光源才能获得合理的布光。

拍明暗对比的照片时，我经常用两个120×25 厘米又高又窄的柔光箱。比起宽柔光箱，它们能更好地让我精确定位阴影和光线。

推荐的产品系列有很多，一般都是配合其他设备一起使用。如果没有试用过，要尽量避免极端尺寸的柔光箱，因为一个 2×3 米的柔光箱用来拍摄商品目录可能看起来很完美，但在使用中它会显得笨重而不实用。

至于花费，我们就别做梦了：一分价钱一分货。一旦接受了这个原则，每个人都应该根据拍摄计划的用途和能负担得起的开支来选择适合的柔光箱。

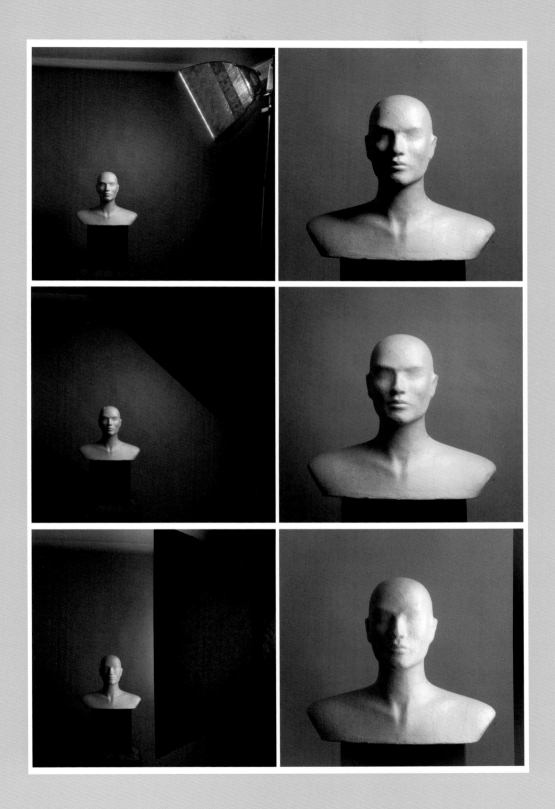

拍摄方案 54

使用设备

背景	黑色背景纸（4）
主光	220V、2000W 电影灯（1）
辅光	两盏 220V、2000W 电影灯（3）和（2）
遮光板、反光板、滤镜等	
机身	尼康 D2Xs
镜头	尼克尔 80—200mm $f/2.8$　使用焦距：90mm
全画幅24×36mm	约 120—300mm　使用焦距：135mm（近似值）
感光度	ISO100
快门速度	1/125s
光圈	$f/2.8$
特殊说明	将电影灯（3）放在模特身后中轴线的位置上

　　电影灯是一种有很多优点的光源，对我而言，其中一个巨大的优点同时也是缺点：使用时受限于电源线的长度。这些大功率光源如今被大多数录像师（我难以适应这个称呼）丢弃或以低价转卖，他们追求的是很大的机动性，并且不需要那么多的灯光（现在摄像机传感器与为几代业余电影人带来幸福感的 super 8 摄像机胶片具有不同的敏感度）。不过这对我们来说是个优点，我们在摄影棚拍摄时可以灵活地管理插销和插座。要注意，这个设备耗电很大。比如说，这 3 盏开着的电影灯，也就是6000 瓦的电一眨眼就没了。不管是冬天还是夏天，6000 瓦都比家用插座能承受的最大功率要大得多，使用这种灯时电流可达到 30 安

（6000 瓦 /220 伏），在住宅用电中如果达到这个电流值还没烧断保险丝是很少见的。踢脚线的插座一般是没有问题的，我觉得差不多可以承受 16 安，即可以支撑将近 3500 瓦的功率（16 安 × 220 伏）。

　　所以要小心分配线路，按比例正确延长电源线路，避免电线缠绕，而且要把灯插在多个不共用一个保险丝或断路器的插座上。

取　景

　　我一如既往地建议不要提高感光度，当快门速度过低时，使用快门遥控器和一个高质量的脚架，避免用我们在一些集市的货摊上找

到的跟手表、望远镜、假徕卡和原装留比特（Lubitel）双反相机放在一起的那些过轻的脚架（不包括稳定与轻巧的碳素脚架）。确切地说，我用了感光度ISO100，从而得到 f/2.8 的光圈值和 1/125 秒的快门速度。"我用手持相机拍也没问题！"很多摄影师会这样保证。为什么不呢？但如果使用手持相机，在对焦时要考虑好焦距，根据经验，要考虑使用尽可能大的焦距值。基于这个原则，具体到这里的拍摄取景来看，我们选择焦距 80—200 毫米，把快门速度设为 1/250 秒，借此来避免手持相机拍摄时抖动对拍摄的影响。

重新裁剪照片，使模特目光朝向照片高处的边缘。裁掉额头，整体模糊，加入夸张的颗粒效果。

后期制作

重新裁剪照片边框后，我把照片处理为黑白效果，然后平衡对比度和灰度。随后我在图片的面板上增加图层，并进行了模糊处理。最后根据区域调整灰度，使眼睛和脸部轮廓的模糊程度比身体的模糊程度低一些。

我通过加入噪点做出了人为的颗粒效果，然后通过加入一点红色和黄色来调整白平衡，借助 Sephia 特效为图片调色。因为整个操作柔化了照片，所以最后调整对比度。

拍摄方案 55

使用设备

背景	白色卷轴无缝背景纸（3）
主光	750J 摄影灯配柔光箱（1）
辅光	750J 摄影灯配柔光箱（2）
遮光板、反光板、滤镜等	
机身	尼康 D2Xs
镜头	尼克尔 20mm f/2.8　使用焦距：20mm
全画幅 24×36mm	约 30mm　使用焦距：30mm（近似值）
感光度	ISO100
快门速度	1/60s

有一些镜头用起来感觉完全不像镜头，不得不说，本来希望这些镜头带来附加的效果，却把拍摄的影像给改变了，拍出的照片呈现出远离现实、如梦似幻的效果，很多情况下呈现出一些可有可无的阴沉感。当然我们也不能过分夸大这些镜头的能力，尽管这些镜头能够让线条变得更柔美，在照片上凝固住最美好的瞬间，但不管是广角还是超广角，这些镜头都不可能把被赫尔穆特·牛顿拍摄的令人铭记的美丽模特拍成东京大相扑比赛的冠军雾岛一博（Kazuhiro Kirishima）。

不管怎样，就像我经常反复说的那样，我们不是要拍司法鉴定照片，如果我们拍的照片与现实不符，那就只需要说"这是艺术啊，先生"，并且按自己的意愿表达就可以了。所以，如果你喜欢的话，装上这些令人渴望拥有的超广角镜头，在你想用的时候可劲用它们，拍仰摄照片，与自然和美学标准共舞（或对抗，因人而异）。

取　景

两个柔光箱（1）和（2）及一个白色背景，确切地说是 Itisphoto 摄影棚的白色卷轴无缝背景纸（3）。也可以使用一个由于没被完全照亮而变成灰色的背景纸，最后呈现出的灰度会根据它所接收到的反射光线而变化。将柔光箱放在模特侧前方，使得光线与模特身体齐平，并且只打亮需要突出的部分。模特的肚子部位处在阴影中，因为我们要求模特在取景时收腹，您会发现，这不会对胸部产生任何令人不满意的效果。

后期制作

照片被重新裁剪以显示出摄影棚的边缘。背景纸的卷轴被纳入构图，它的阴影被当作相框上方的边缘。按不同区域调整对比度，提高模特身体上部的对比度，而且这一对比度的提高加深了暗色区域。随后运用高斯模糊滤镜（我按照设想的结果只改变灰度），对不同区域分别进行柔化。

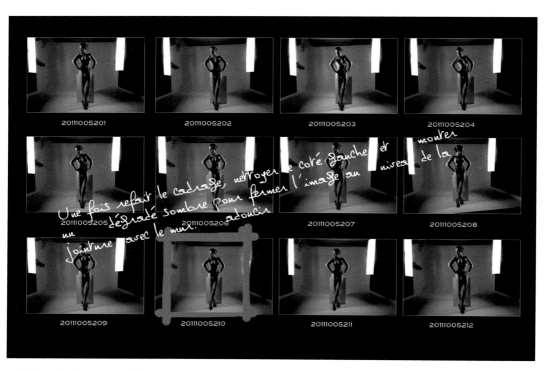

重新调整构图边框，提高暗色晕影，使照片边框处于墙的连接处；柔化。

拍摄方案 56

使用设备

背景	黑色背景纸（3）
主光	500W 工地聚光灯（1）
辅光	1000W 电影灯（2）
遮光板、反光板、滤镜等	100×50cm 黑色遮光板（4）
机身	尼康 D2Xs
镜头	尼克尔 12—24mm ƒ/4　使用焦距：24mm
全画幅 24×36mm	18—36mm　使用焦距：35mm（近似值）
感光度	ISO320
快门速度	1/30s
光圈	ƒ/4
特殊说明	将相机固定在脚架上，使用曝光表

　　任何地方都可以作为摄影棚，所有的光源都可用于拍摄。看情况，如果我们拍彩色照片，想要忠实于现实，那就不要混合不同"开氏温标"色温的光源：比如闪光灯和白炽灯，白炽灯和节能灯，白炽灯和日光等。传感器或底片很难处理这种混合光线，后期制作也几乎是无法弥补的。再比如，根据混合程度和光线的不同，白平衡会因此被改变，从而产生半正常半红（日光和钨丝灯）或半正常半蓝（钨丝灯和日光）的照片。如果混合光线不可避免的话，唯一的解决方法就是用滤镜平衡光源，通常用蓝色或红色滤镜。

　　*从 1967 年起，"开尔文热力学温度"（degré Kelvin）的旧单位"°K"被单独的"K"所取代。开尔文（Kelvin）的名字成为测量单位，用字母"K"来表示，简称"开"。现在大家都用简称了，真是对不起亲爱的开尔文阁下！

取　景

　　我把主光（1）安排在高处，利用这种类型工地聚光灯装备的脚架所能提供的最大高度。这样形成的模特鼻子的阴影特别棒，可以制造出一个完美的光线三角形，与光源相对，处在眼睛下面。主光投影灯发出的光线让拍摄光圈值设定在 ƒ/4、快门速度设定在 1/30 秒。随后我调整了照亮背景的灯（2），让最亮的部分达到适合光圈值 f/4，即比主光高 2 挡光圈（参考叙述这个主题的章节）。我通过聚光灯上装的挡光板调整了打亮背景（3）的光束宽度，让它能照到模特胸部和肩膀后面，并且勾勒出它们的轮廓。将一块黑色遮光板（4）放在模特和灯（2）之间，避免多余的反射光，然后提高对比度。

请注意：这种类型的灯如果没有功率变换器，我们可以通过改变它们与照明点之间的距离，来调节灯光的强度。一些人肯定地说他们"用直觉差不多"可以很完美地完成调节，那可真是太好了，我个人不喜欢"差不多"，我通常用（我建议大家也使用）曝光表和闪光指数测定器来调节光线。

曝光时间相对较长，所以将相机固定在脚架上拍摄。

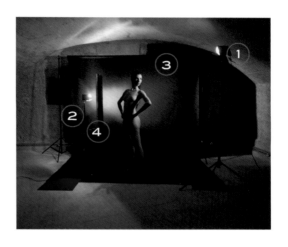

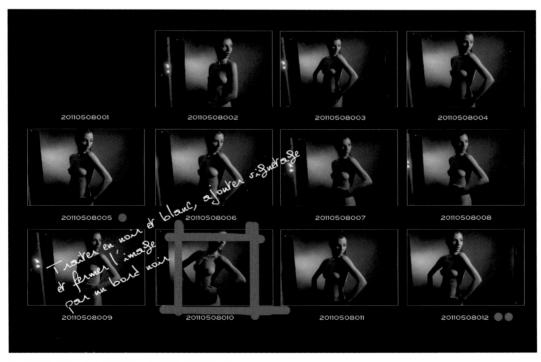

处理为黑白照片，加入晕影效果，为照片加上黑色边框。

后期制作

这张照片后期制作很少，这就是摄影棚和精确测量的优点，可以创造出不怎么需要处理就能使用的原片。在这张照片中，我从模特鼻子下方进行裁剪，因为模特的目光太集中了，会吸引我们的目光，从而改变对构图的基本解读。为了修改身体的倾斜度，我加入了一个人造黑框，而且黑框被一开始就设计好的晕影效果掩盖。通过使用我的"自制滤镜"对皮肤的效果进行柔化，操作方法是根据经验抠出要保持清晰的区域，然后在部分区域使用高斯模糊滤镜，以达到我几个月前还在使用的哈苏138 S 滤镜的效果。

拍摄方案 57

使用设备

背景	背景纸（3）
主光	保佳单筒摄影灯配白色反光伞（1）
辅光	
遮光板、反光板、滤镜等	
机身	尼康 D2Xs
镜头	尼克尔 28mm *f*/2.8
全画幅 24×36mm	约 42mm（近似值）
感光度	ISO100
快门速度	1/60s
光圈	*f*/11
特殊说明	136cm 的纸卷放在活动支杆上（2）

我的设想是第一张照片拍成黑白的，然后用一个在 Manuel Barzi（http://manuelbarzi.com）网上的软件处理 Anaki 的照片，Anaki 是一只三色边境牧羊犬，这个软件可以把数码照片做成宝丽来做旧效果。

当然了，这只是一种效果，它远远比不上真正的宝丽来相机拍出的照片。宝丽来本不是一种照片效果，而是相机的名字，用这些做旧的相纸拍照的乐趣已经是过去的事了。在 2008 年宝丽来相机停产后，这些相纸的库存如今已经消耗殆尽，哪怕我们以骇人的高价求购，也只能找到一些。

当然，富士也有快速曝光的相纸，但就魅力而言没有可比性。因为宝丽来相机的技术，尤其是颜料工艺与富士有着天壤之别。因此产生了"不可能计划"（Impossible Project），这是一个由弗洛兰·凯普斯（Florian Kaps）和安德烈·博斯曼（André Boseman）两名摄影爱好者组建的公司，他们让荷兰恩斯赫德市的宝丽来工厂重新开业，并尝试恢复生产适用于现存相机的相纸，特别是传说中的 SX70 相纸。

我试用了这些相纸，从中既没有得到我想要找回的魅力，也没有得到我想要达成的效果。可能未来这家公司能够真的重现宝丽来相纸的魅力吧，这种魅力对于我们中的很多人来说可能就是拍照乐趣的来源，甚至可以说是增添了拍照的乐趣。而在等待这种极富魅力的相纸回归的时候，如果你仍然想实现这种效果，那么别有心理负担，使用宝丽来数码效果吧，使用Barzi网站上的软件或者其他类似的程序吧，如今它们也很好用。

取　景

对于边境牧羊犬我只有个大概印象，我以为它会更小一些，所以架起了一个迷你取景平台来拍摄。这样可以很容易复制拍摄布景而且花销不会太多：一个能快速固定在单脚活动支

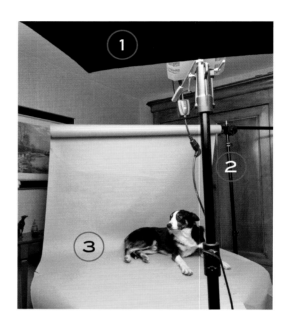

处理为黑白照片，轻微调整倾斜度，把背景调成中灰色。

架上的纸卷（2）和一盏保佳单筒摄影灯配白色反光伞（1）。就像在其他拍摄方案中实现的那样，配合反光伞使用便携式闪光灯是没有任何问题的。这本是我最开始的计划，但在我想要使用闪光灯时，它却没电了。

用持续光源拍这类照片会有点复杂。持续光源可以用于对应光圈值为 $f/8$ 或 $f/11$ 的景深。鉴于动物（即使是最听话的动物）必然缺乏持久的注意力来配合摆姿势和拍照，所以我们需要使用较高的快门速度来拍摄，比如 1/125 秒，以此来适应动物能保持的时间相对较短的静止状态。在这种快门速度下，我们如果要用持续光来拍摄，那么光线就要足够强。

我们要知道狗是能遵从人类许多要求的，比如陪着主人在城里散步，这样看来为其拍照摆个姿势并非不可能实现。总的来说，它可以随心所欲，而你只需要适应它就行了！自我安慰一下，想想这可能会挺有趣的，至少看着那些主人或多或少心甘情愿给你打下手，在你身后摇晃各种可能会引起他们的宠物注意的物品。

后期制作

经典的黑白照片几乎没有什么可调整的，重新裁剪照片，然后调成黑白的就行。至于彩色照片，则需要在裁剪之后用软件加上即时成像照片的特效，就可以得到相当成功的"宝丽来"效果。之后，调整这张照片的尺寸，保存在一个经典的照片处理软件里，可以很容易得到或冲印合适尺寸的照片。

20120113001 20120113002 20120113003 20120113004
20120113005 20120113006 20120113007 20120113008
20120113009 20120113010 20120113011 20120113012

Garder en couleurs et passer au logiciel
de Manuel Barzi pour avoir un look Polaroid

保存为彩色照片，用 Manuel Barzi 软件加上宝丽来效果。

ANAKI, 13 JANVIER 2012

Anaki，2012 年 1 月 13 日。

拍摄方案 58

使用设备

背景	黑色背景纸（3）
主光	800J 摄影灯配标准反光罩及挡光板（1）
辅光	600J 摄影灯配柔光箱（2）
遮光板、反光板、滤镜等	
机身	尼康 D2Xs
镜头	尼克尔 50mm f/1.2
全画幅 24×36mm	约 75mm（近似值）
感光度	ISO100
快门速度	1/60s
光圈	f/8

人体摄影并不一定是非得重点展示人体结构的照片，我们可以让观者的注意力停留在摆姿势的模特身体的特定部分。能肯定的是，如果将身体处在阴影里并且只露出一只眼睛，这样的照片更容易被划分到肖像照里，图例照片里模特的目光朝向乳房，一只眼睛能看到，另一只被遮住了。注意，这样的照明比看起来的要难实现，需要精心布光及安排模特位置，由此才能只让突显的那部分被看到。在这我希望大家不要只局限于布景构图时设定的边框，而是考虑、规划得远一点，这对后期制作有帮助。

取　景

首先定位主光，这里用的是一盏 800 焦摄影灯，装着标准反光罩（1），反光罩上有双层挡光板，调整挡光板使光线只打亮模特不打亮背景。这个光源的高度很重要，因为其他照明都要根据它来调整，要打亮的地方当然包括乳房，还有头和脸部下方以及大腿上部。打在乳房上的灯光被调整为适合光圈值 f/11。然后，使用摄影灯（2）打亮背景，勾勒出模特身体的轮廓。由于是黑色背景（3），得加 1 到 1.5 挡的光圈值来过度曝光，也就是光圈值 f/16 到 f/22 之间，测定被打亮区域的中心处在胸部的高度上。于是就只剩下在取景器里检查所有想要的元素是不是都布置到位了。为什么要通过取景器看？因为这会让您如实看到传感器将会保存的镜像，也能把照片放在一个平面中来考量，不会被您视觉产生的立体感所欺骗。

后期制作

　　重新裁剪后，清理画面并柔化，加强浅色区域的灰度和对比度。背景被重新处理为更强的晕影效果以勾勒出从肩膀到胯部的身体线条，随后在照片右侧也加入一个很强的晕影效果。背景纸竖直的边缘被突出强调为像是开了一扇门。由此，在处于背景纸边缘我们推测的模特目光朝向的轴线上人为制造的裂痕的帮助下，我们的目光被吸引来仔细琢磨这个空间，并且想象它的内容。在照片上加入颗粒效果，并用饱和度很低的黄色和红色进行调色处理。

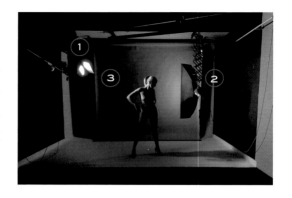

重新裁剪照片，用双色调模式处理为暖色调黑白照片；然后重新修改为 RGB 模式，调亮一侧乳房，加深另一侧；提高对比度，晕影效果。

景 深

一些无条件支持者可能会批评说，景深被面向大众的数码技术彻底改变了。利用空间感不强的传感器来实现一个大角度取景的趋势促使相机制造商（他们必然关心如何满足最多数使用他们设备的用户）投入更多的精力研究镜头，尤其是研究短焦距的变焦镜头。作为这个趋势带来的结果，这些变焦镜头的光圈经常很大，价格跟与它们配套使用的设备差不多持平，因为镜头的能力总有上限，让人常想要移情别恋。

这种镜头因为它的中等光圈值和小直径的模糊圈而缩短了焦距，让大多数情况下使用"傻瓜"数码相机拍出的照片呈现的景深微乎其微，整个画面都是（或者看起来是）完全清晰的。

我们要明确，影响景深的因素有焦距、光圈、对焦距离以及模糊圈。现在让我们看看如何用艺术的方法让照片效果更完美。

在同样的模糊圈下，我们可以改变下面一个、几个或者全部的变量：

• 焦距：焦距越短，景深越大，所以应该使用一个合适的焦距。

• 光圈：光圈越小（接近 f/16、f/22），景深越大。因此在此处的拍摄案例中，我们采用大光圈，获得小景深，如 f/1.4、f/1.8 或 f/2.8。

• 对焦距离：最小对焦距离越小，景深越小。

景深差不多会有 1/3 分布在前面，2/3 在后面。我们可以利用这个原理来安排前景与后景的交界。

理解了（或者接受了）这个理论后，又如何把它应用于我们的取景中，以及使用什么设备呢？

这也不可避免地要求使用可换镜头的机身。大部分品牌中都能找到一支性价比很高的镜头，我们可以很容易买到新的或者在二手市场淘到旧的：最大光圈 f/1.4 或者 f/1.8，焦距 50 毫米，这个焦距是出了名的拍 24 × 36 英寸的"标准"焦距。

这些镜头如果安装在 DX 机身上使用，会有 75 毫米的画幅，这就和使用经典的 35 毫米肖像摄影之王——80 毫米或 85 毫米、f/1.8 镜头的效果很接近了，而且还保持着 50 毫米镜头的特点。

模糊圈根据传感器或者胶片的大小而有所不同。

搭配 DX 机身使用的 50 毫米镜头最不容置疑的优点就是可以在拍摄时离模特很近，并可以采用特别的取景角度。考虑到构图所需的必要距离，80 毫米、f/1.8 镜头，180 毫米、f/2.8 镜头或者 80—200 毫米变焦镜头这些无与伦比的全画幅镜头是无法拍出这样的取景角度的。对于这些经典镜头，为了克服这个缺点，我们可以用短衔接环或者套镜通过拉长镜头来有效缩短对焦距离。

下面用来说明以上段落的图例是用尼康 D2Xs（DX 机身）拍摄的，镜头采用了尼克尔 f/1.4，焦距 50 毫米，这支镜头我已经用了 30 多年了，可以在网上或者别处用非常实惠的价格买到它。

在眼睛处对焦,光圈被调到镜头的极限值,第一张用 *f*/1.4,第二张用 *f*/16,拍摄距离差不多是45厘米,也就是镜头允许的最小距离。

请注意:今天,我们可以很容易地在 iP-hone、iPad 或者其他智能手机和平板上找到出色的景深计算器,很好用。所以,我不觉得在这里给出计算公式有什么意义,而且在网上也能很容易找到这些公式,它们的存在显得毫无意义还让生活变得复杂了。我们的目标是摄影而不是数学!

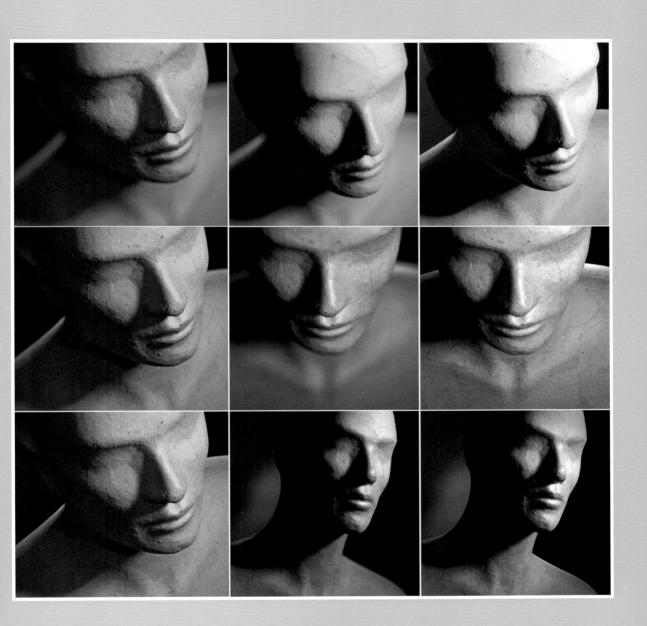

拍摄方案 59

使用设备

背景	黑色背景纸（1）
主光	保佳 A2400J 电源箱配柔光箱（2）
辅光	1000J 单筒摄影灯配白色反光罩和挡光板（3）
遮光板、反光板、滤镜等	浅色墙（4）
机身	尼康 D2Xs
镜头	尼克尔 18—70mm f/3.5—4.5 使用焦距：40mm
全画幅 24×36mm	约 27—105mm 使用焦距：60mm（近似值）
感光度	ISO100
快门速度	1/60s
光圈	f/11

安排一个应急的备用摄影棚，可以在家里或公寓里，这样的好处是给拜访你的朋友拍肖像照时不需要换地方。这个优点当然也有些许不足，那就是浅色墙和白色天花板产生的反光。最完美的办法就是把它们涂成深灰色或哑光黑色，但说起来容易做起来难，因为这间房子平时还得住人呢。从白色涂成黑色没什么问题，但从黑色涂成白色就有点复杂了。

所以拍摄时得将浅色墙（4）产生的反光考虑在内，要么利用它们，要么减少它们。利用它们，什么都不用做，只要改变墙与物体之间的距离就可以调整光的强度了；要减少它们的话，一个简单的方法就是在模特的身侧，在取景框允许的范围里距离模特最近的地方，放一块或几块 1×2 米的塑料板，将一面涂成黑色。

你会在这本书里找到如何用很少的费用制作出支撑这些遮光板的完美支撑物。用白色的一面，这些遮光板就变成了反光板，好用且不贵。

取　景

模特仅仅被一个柔光箱（2）打亮，把这个柔光箱放在尽可能高的位置并朝下照射，以减少天花板的反射光。把柔光箱放在距离模特相对近的地方，不仅最大限度地利用了灯光包裹模特脸部和身体的柔和光线，还通过增大柔光箱与拍摄对象的距离，以及柔光箱与墙、拍摄对象间距离的关系，减少了墙反射回来的多余光线。众所周知，光的强度是符合平方反比定律的。

安排好主光后，背景被打亮，从而制造出渐弱效果。我用的是 1000 焦单筒摄影灯配白色反光罩和挡光板（3）。

主光被设置为适合光圈值 $f/11$，黑色背景用对应光圈值为 $f/22$ 的光线实现过度曝光的效果。

后期制作

重新裁剪并且调整为黑白照片，用高斯模糊滤镜进行了柔化。

处理为暖色调的黑白照片，柔化并做出晕影效果。

拍摄方案 60

使用设备

背景	不锈钢洗碗池
主光	17W 白纸球形节能灯（1）
辅光	
遮光板、反光板、滤镜等	白色方砖的自然反光
机身	尼康 D2Xs
镜头	尼克尔 35—70mm f/2.8　使用焦距：70mm
全画幅 24×36mm	约 50—105mm（近似值）
感光度	ISO100
快门速度	3s
光圈	f/11
特殊说明	在夜晚拍摄，小窗户（2）不参与最终照明；相机固定在三脚架上（3）

你大概已经注意到了，一个或多个日常使用的物品偶然的摆放也许能构成一幅静物图，原封不动地拍摄下来就能得到这个题材的照片。

在这个图例中，把 4 个小时"无酒精"畅饮用掉的杯子和瓶子放在洗碗池的那一刻，我发现这可以拍成很上相的照片，我意识到凝固住这一个瞬间比把它们洗干净重要得多。这个决定比起洗杯刷碗来说容易太多了，刷碗这项"艺术"的乐趣我一向是体会不到的，所以它毫无疑问被排在摄影能给我带来的乐趣之后。

画面中，经不锈钢洗碗池的曲线折射出优美的光线，制造出了昏暗和明亮的区域，完美地突出了杯子的对比度。不过杯子的透明度还要在客人们走了之后重新进行后期调整，这个我只能暂时先放一放，总不能在客人还在我家喝茶的时候说要去拍一个装满了脏杯子的洗碗池，然后就把他们扔下吧。

夜幕降临，装有一只节能灯泡的瑞典纸球灯（1）照亮了整个房间，并提供了不错的照明。这是唯一光源的光线，因洗碗池周边的白色方砖的散射效果，大部分光线被反射回来。

取 景

为了实现这样的取景，你只需要用一个

质量好且大而稳的脚架（3），以及一个为避免长时间曝光时碰到相机的遥控快门。单反相机反光镜的运动是机身振动的源头，如果有自拍快门延时功能的话，就把相机设置为反光镜预升模式，然后设置为自拍快门延时的最长时间，以便在快门工作时不需要用手触碰相机。使用手动方式来精调曝光度，选择最合适的光圈值，这个光圈值能在叉子上获取想要的景深，使镜头能实现它的最大效力。对焦点放在靠前1/3距离内的清晰区域。这里选择的是光圈值 $f/11$，曝光时间为 3 秒，感光度 ISO100。

第一批照片在我看来颜色太冷，通过调整色温，我把照片色彩变得更鲜明。相机的自动白平衡选择的是 2000 开，我重新调整到了3500 开。解释一下，这实际上只是为了便于拍摄并获得一个更好的视觉效果。如果用 Raw文件模式拍摄，我大力推荐使用这个设定，以便在后期制作时容易改变和调整白平衡。

后期制作

我拍的照片显得很有趣，不过我认为它还可以被处理为黑白效果，也就是这里所呈现的版本。我改变了照片的长宽比（就像我们过去使用银盐冲印时在放大器里倾斜纸张所得到的效果一样），以此拉伸杯子和瓶子的图像，弥补向下的透视感所显出的低矮效果。然后我调整了不同区域的对比度，比如洗碗池下水口附近的杯子的透明度。平衡了所有数值，最后用双色调模式下暖色的黑色和灰色做出对比鲜明的黑白照片。

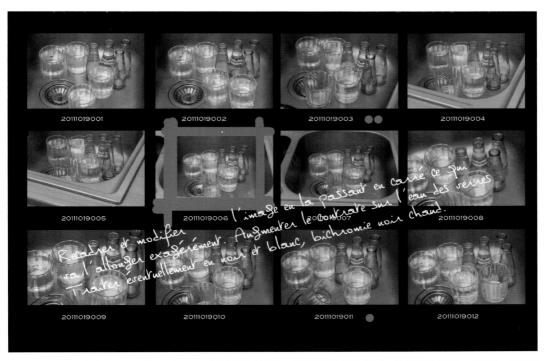

20111019001 20111019002 20111019003 20111019004
20111019005 20111019006 20111019007 20111019008
20111019009 20111019010 20111019011 20111019012

Recadrer et modifier l'image en la passant en carré ce qui va l'allonger exagérément. Augmenter le contraste sur l'eau des verres. Traiter éventuellement en noir et blanc, bichromie noir chaud.

　　重新把照片裁剪为正方形，这会让它呈现夸张的被拉长的效果。提高杯子里水的对比度。处理为黑白照片，用暖色、黑色双色调模式。

拍摄方案 61

使用设备

背景	两个资料箱组成的背景（3）
主光	有支架的 250W 家用灯（1）
辅光	
遮光板、反光板、滤镜等	白色反光板（2）和（4）
机身	尼康 D2Xs
镜头	尼克尔 35—70mm $f/2.8$　使用焦距：50mm
全画幅 24×36mm	约 50—105mm　使用焦距：75mm（近似值）
感光度	ISO100
快门速度	1/4s
光圈	$f/16$

一个单一的光源（1）用来为这张照片的拍摄布光，两块反光板被放在能打出阴影的位置。第一个（2）是一块简单的由白色压缩木板制成的板子，它是"灯箱／柔光箱"一节展示的制作摄影灯时裁剪下来的板子的边角料。第二个（4）是一块 50×100 厘米的塑料板。背景是用两个资料箱（3）布置而成的，它们既可以做背景，也可以做垫块来支撑或压住物体。至于拍摄对象，狂热的园艺家从中看到三条嫩黄瓜，这是喜马拉雅山附近常见的植物；荒木经惟（Nobuyoshi Araki）的仰慕者则看到捆绑。我有不立刻解读照片的习惯，因为在展览时，听听特别有文化的人做出的评论，经常能学到一些字斟句酌的而不是信手拈来的形容物品的词或例子，并用来描述我的动机以及我想要表达的东西。我得承认这有时就是真理：这些评论常常极其丰富，通过听这些评论，我意识到自己没有真正认识到自己潜意识的重要性。而我的潜意识早就在支配着我了！

取 景

我首先调整了资料箱的位置，使第一个箱子和第二个箱子的一面变成深黑色。随后白色反光板（4）被调整到能打亮黄瓜上部的位置，逆光。至于第二块反光板（2），就是白色压缩板充当的那块，被放在能略微形成阴影的位置。取景框左侧留下了一扇"门"，以使观众的视线能尝试着超出照片之外，寻找能帮助理解这个偶然的布景因素。

231

后期制作

　　我精确地重新调整了照片的边框，然后调整了对比度和亮度。我还运用了晕影效果，因为箱子右侧上部还呈现着最初的灰度，尽管已经被调低亮度，但仍然太亮了。最后，我稍微把阴影处的绳子提亮。

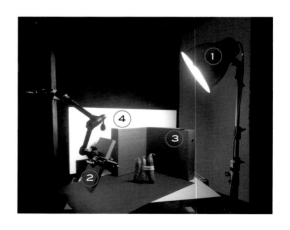

需要的话，通过裁剪右侧来平衡照片，突出显示最右边的黄瓜。

更好的性价比

当需要用很多个不同的光源或配件时，经常会碰到摄影棚空间不够大的情况。传统脚架其占地随着高度的增加而增大，当我们需要使用十几个这样的脚架时，很快就会遇到它们的底座交错混杂、无法移动到最合适的位置的情况。

为了解决这个问题，我想出了一个方法，这是我在纽约的一个大摄影棚里学到的，这个摄影棚挨着一家意大利餐厅。这个方法就是回收利用5千克装的"意大利番茄"罐头（也可以是豌豆罐头、豆焖肉罐头或酸菜罐头）包装来制作特别袖珍的脚架底座。

这个方法对于小配件来说相当完美，但不能支撑太大的重量。我参考自己一直在用的固定在电源箱上的支柱系统制造了一系列脚架。

制造这样的脚架，只需要螺丝刀就够了（用电钻会更方便）。

材　料
- 20毫米厚的压缩木板：
- - 两条长边：25×30厘米
- - 两条短边：13×28厘米
- - 背景：13×21厘米
- - 上部：13×25厘米
- 一个2米的椽子，断面为4×6厘米，抛光杉木材质
- 25个40毫米的压缩木板螺丝
- 一瓶哑光黑色颜料喷雾剂

一共花了9.85欧元。

制　作

材料工具都在这张图（1）里了。固定侧边和底面（2），底面离地面2到3厘米（3），这样会比完全接触地面更稳定，因为地面经常不平。用螺丝从箱子内部固定杆子（4），将螺丝从压缩木板拧入实心木料。在给箱子（7）封口前，填充沙子、砾石或任何沉重的材料作为配重（6）。记住尺寸和重量要跟电源箱（8）一样。

那些设想中的5千克的罐头盒（9）方便易用并且功能完美。然而要用混凝土填充内部来作为配装，不只是在里面装满沙子，如果被碰翻了，清理起来可要花上不少时间。

这样脚架就做好了，涂成黑色以避免反光的问题，它们很结实、稳固，比只适合用来固定遮光板或轻薄的旗子（10）和（11）的箱子更结实。可以轻易固定10多千克的设备，注意放在箱子侧边（10）的配重。

可以在这些脚架上固定各种各样的配件（12），要么用摄影专用的曼富图牌的夹子，要么用五金店的夹子或螺纹夹子。如果是用来固定反光板的话，可以用图钉、订书钉或胶布。

这些脚架也可以用来支撑挂在卷轴或曼富图支架上的背景纸，或是一个你用来放配件、家用灯且没有固定装置的搁板。

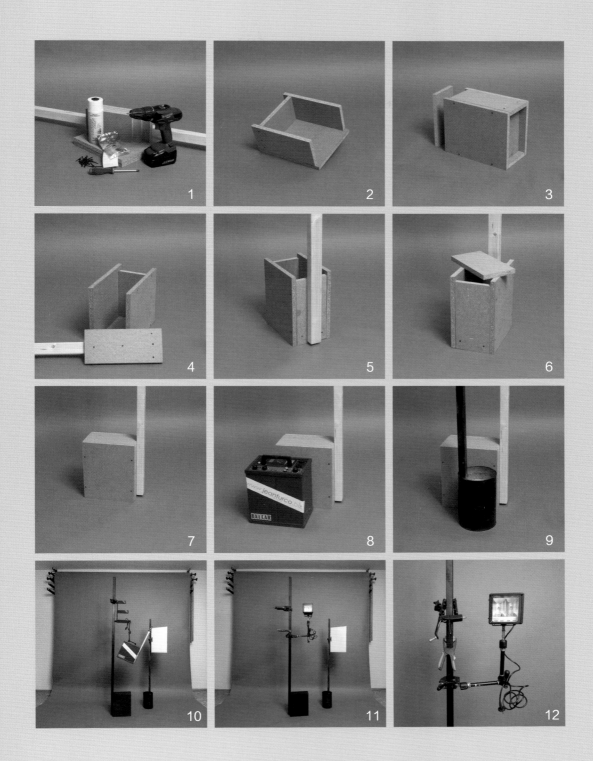

235

拍摄方案 62

使用设备

背景	黑色背景纸（4）	
主光	800J Profilux 摄影灯配柔光箱（1）	
辅光	800J Profilux 摄影灯配柔光箱（2） 800J 摄影灯配标准反光罩，放在模特身后（3）	
遮光板、反光板、滤镜等		
机身	尼康 D2Xs	
镜头	尼克尔 50mm *f*/1.8	
全画幅 24×36mm	约 75mm	
感光度	ISO100	
快门速度	1/60s	
光圈	*f*/11	

我不是一名使用图片处理软件附带滤镜的忠实粉丝，我觉得它们存在的主要意义通常是用来掩盖一张没拍好的照片的瑕疵。

有时候只需要掌握一个修图技巧就能让没拍好的照片起死回生，我对这些软件提供的可能性提不起兴趣，也许是因为我没能力使用它们。不过不应该忘记它们的存在，因为正确地利用一定可以得到一些能从中获利的效果。比如展示一张 CD 的封面，或者创作一个值得在当代艺术沙龙做报告的"基础摄影的混合技巧"。

不管怎样，我觉得这个方法应该被艺术地探索一下。

取 景

放在高处打在模特身前的主光（1）被调节为适合光圈值 *f*/11。第二盏摄影灯（2）用来勾勒模特身体右侧的轮廓，放在模特身前并且也被调节为适合光圈值 *f*/11。将第三盏也是最后一盏摄影灯（3）放在模特身后，装有一个标准反光罩并且指向背景（4）打出一个圆形的光圈，中心要落在模特上半身的位置上。这个柔光箱被调节为在中心处打出适合光圈值 *f*/32 的光，也就是过度曝光 3 挡光圈值。

后期制作

　　重新裁剪后，出现在模特两腿之间的摄影灯灯架，以及左手的一根太过于分开的手指被擦掉了。通过调节白平衡，照片被调为我所想要的橘黄色。然后调整了对比度和灰度，加入噪点，得到颗粒状效果。

　　增加颗粒状效果是为了接近高感光度的胶片效果，比如把感光度推到 ISO3200 的柯达（Kodak）Tri-X 或伊尔福（Ilford）HP5。你在网上很容易找到一些用令人惊奇的现实主义手法重现这些胶片的修片教程或"秘籍"。由于这些方法更新换代和自我完善的速度很快，最好在想要使用它们的时候再去查，这样才能保证自己用的是最新技术。

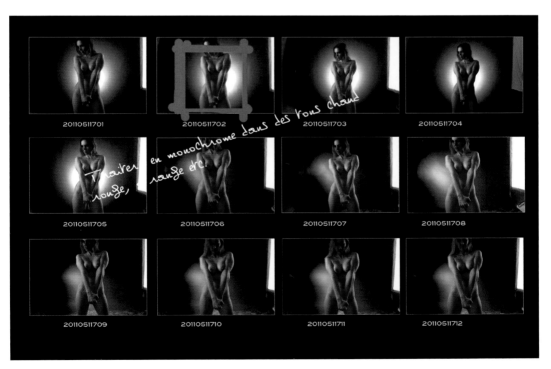

处理为单色暖色调，如红色、橘黄色等。

237

拍摄方案 63

使用设备

背景	黑色背景纸（3）
主光	800J Profilux 摄影灯配柔光箱（1）
辅光	800J 摄影灯放在低脚架上朝向背景（2）
遮光板、反光板、滤镜等	
机身	尼康 D2Xs
镜头	尼克尔 12—24mm *f*/4　使用焦距：24mm
全画幅 24×36mm	约 18—36mm　使用焦距：36mm（近似值）
感光度	ISO100
快门速度	1/250s
光圈	*f*/11

在欣赏一张人体照时，我看到的不仅仅是模特，还有摄影师。照片通常是他的表达方式，在与你喜欢的照片的拍摄者相遇时，你会惊奇地发现摄影师跟想象中的样子十分相似。虽然不一定总是这样，但就我个人来说，我确实遇见过很多拍人体的摄影师，出名的和没那么出名的都有，甚至有时候也遇见过拍得很差的。当我用"差"这个形容词时，不管照片是什么类型或风格，我并不是评判照片的内容有失误或不足，而是对他们对待工作不尊重的评判，这种不尊重表现在照片没有被处理到最好，并且从头到尾的拍摄也都没处理好。

取　景

只用了一盏 800 焦的摄影灯（1）就完成了这个既简单又有效的光线，它被安排在模特前方的高处。第二个光源（2）被安排在模特身后的低脚架上，它是一盏有着同样功率的摄影灯，但没有安装反光罩，这盏摄影灯朝向背景（3）。摄影灯的功率被调节为能在模特肩膀高度打出适合光圈值为 *f*/11 的光。第二盏摄影灯被调节为打在背景亮区中心处的光适合光圈值 *f*/22，但这个中心区域被模特挡住了，使得笼罩模特的光环亮度达到适合光圈值

f/16。黑色背景纸和不带塑形灯的摄影灯在小范围内打出了一个能够快速晕影的光线。布置好灯光后，就要让模特摆姿势了，上半身稍微避开光源光线，让肚子处于阴影区域并且塑造胸形。脸部迎着光线，根据鼻子的阴影微调脸部位置。

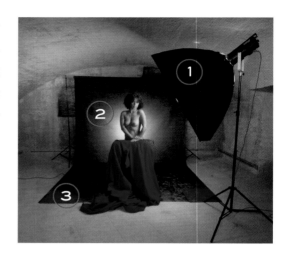

后期制作

这张照片没有什么大的调整。脸部的对比度被轻微柔化，重新平衡上半身的对比度和灰度。我自制的"Soft"滤镜被应用到整张照片，以降低焦距 35—70 毫米、光圈值 f/11 呈现出来的清晰度。

处理为暖色调的黑白照片，把眼白调得柔和一点。重新调整胸部的对比度，若有必要，加入柔化和晕影效果。

就差几厘米！

改变一种照明的效果不需要太多东西，仅光源位置高度或宽度那几厘米的差距就能彻底改变效果。当我想要获得一种梦寐以求的照明效果时，比如让光线在脸颊上形成一个封闭三角形的阴影，那么布光方案就是唯一的。通过调整聚光灯的高度，我会把鼻子的阴影置于鼻子底部和嘴唇之间，且挪动到面部约 3/4 处，以寻找让三角形闭合的那个点。图例能让大家注意到，我放置摄影灯的位置可移动的范围不超过 20 厘米。

调整好光线后进行 TTL 测光，通过相机的取景器看模特是不是处在布置好的光线下，模特需要轻微转动头部或低下下巴就能让光线改变并且打乱之前的设定。

请注意：通过取景器观察、把握照明和模特的位置很重要，原因有二：第一，这样做就能帮助我们不受人眼立体效应的影响，而是直接获取摄影设备的成像效果，从而获得对相机即将储存的最终照片的直观感知；第二，这样的操作在你看模特和按快门之间没有停顿，可以捕捉到最完美的瞬间。

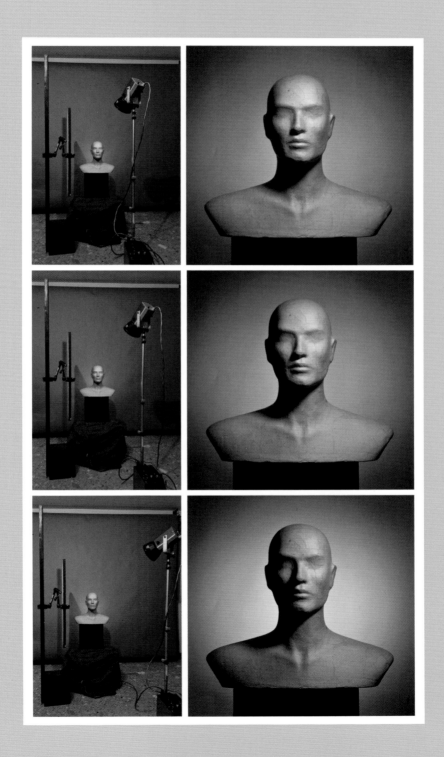

拍摄方案 64

使用设备

背景	黑色背景纸（3）
主光	750J 摄影灯配柔光箱（1）
辅光	750J 摄影灯配反光罩打向背景（2）
遮光板、反光板、滤镜等	
机身	尼康 D2Xs
镜头	尼克尔 35—70mm $f/2.8$　使用焦距：40mm
全画幅 24×36mm	约 50—105mm　使用焦距：60mm（近似值）
感光度	ISO100
快门速度	1/125s
光圈	$f/11$

　　用柔光箱很容易创造出一个接近秋天阴天从朝北窗户照进来的光线效果。给出这么多看似夸张的细节，看起来像个玩笑，事实上我几乎没有夸张，而且细节也不止这些。阳光不是直接射入朝北的窗子的，射入的光线是被天空反射回来的，还有其他方式也能实现这样的光线……如果你住在一栋窗户朝向院内天井的建筑里的话，这种光也可能是被旁边的建筑反射过来的光。不是每个人都能幸运地拥有高楼顶层壮观且有特点的玻璃窗的，人们会猜想这里是否就是或曾是艺术家的工作坊，我就是第一个没有好运的人。当我驾车被堵在美丽的首都街道上时，我坐在纹丝不动的汽车里，透过汽车天窗凝视着奥斯曼式建筑顶层的玻璃屋顶，那一刻我觉得在巴黎好的工作室比艺术家还多。这让我开始幻想如果买彩票赢了大奖可能也挺不错的，我应该去试试！言归正传，我要明确一下，当摄影师想要柔和的光线时，其他朝向的窗而不是朝北的窗射入的光线可能不是很好利用。柔光箱可以完美地呈现出这样的光线，而且不容置疑的优点是不论白天还是黑夜它都可以工作。与段首描写的由窗户射入的光线相反，那样的光线下我们只能在有限的时间内进行拍摄，尤其是在牡蛎盛行的 9 月到次年 4 月。与窗户相比，摄影灯的另一个优点是可以选择尺寸，而且可以放在合适的位置。

取　景

摄影灯（1）被放在高处，照亮模特的侧边。背景纸（3）的边缘（卷起来的时候因操作不当弄坏了）应该加入照片中，被装有斜口反光罩的摄影灯（2）打亮，而且要确保这个灯光不会打到模特身上，仅限于形成背景的阴影。主光被调节为在模特胸部上打出适合光圈值为 $f/11$ 的光。至于辅光，被调节为在背景上打出适合光圈值为 $f/16$ 的光。模特摆好姿势后，先让她的上半身转向灯光以塑造形体，然后始终让脸转向一旁，充分利用光线。

处理为暖色调的黑色，重新调整背景右边的界限，突出被撕坏的背景纸的边缘。稍微提亮背景纸，需要的话在左上方做出晕影效果。柔化。

后期制作

裁剪照片，让背景纸边缘形成的竖直线条出现在构图里，背景纸被打亮突显出来且不需要进行另外的调整。然后调整对比度和灰度，给画面的左侧加入轻微的晕影效果。显现出背景纸的另一条边缘，让它也参与到构图中。处理为黑白照片，使用暖色调的黑色和灰色构成的双色调模式来调整照片。

拍摄方案 65

使用设备

背景	黑色背景纸（4）
主光	800J 摄影灯配 100×35cm 窄柔光箱（1）
辅光	800J 摄影灯配 60×80cm 柔光箱（2） 800J 摄影灯配标准雷达罩和挡光板（3）
遮光板、反光板、滤镜等	
机身	尼康 D2Xs
镜头	尼克尔 35—70mm f/2.8　使用焦距：40mm
全画幅 24×36mm	约 50—105mm　使用焦距：60mm（近似值）
感光度	ISO100
快门速度	1/250s
光圈	f/16

　　半身照，即照片构图的下边缘放在腰线附近，非常适合用于放大至不超过 A4 尺寸的成片。我们希望展示模特侧影而不丢失脸部细节，但一张全身肖像照可能会让这些细节难以被看清。

取　景

　　图例肖像照使用了 3 个光源。第一个是主光（1），是一盏很长的放在模特对面高处的摄影灯，在模特眼睛里的反射光线呈 12 点钟方向。第二个是一盏放在同样轴线上的摄影灯（2），被放在低处加强光照以清除脸部阴影，在模特眼睛里的反射光线呈 6 点钟方向。一块银色反光板没法达到同样的效果，因为不让下方的反光板出现在取景框里，它打亮的是衣服下方，而反射到脸部的光很弱。假定柔光箱到脸部下沿的距离是 3 米，那么反射光要经过柔光箱、膝盖、脸部下沿的距离就将达到 6 米以上（参考平方反比定律）。另一个使用柔光箱作为下方光源的好处是可以通过电源变压器进行精准调节。在这个图例里，虽然布光还没完成，但我们应该注意到这个光源可调节的重要性。实际上，下方光线的强度应该被降低一些，才能不在阴影处产生额外的光线。最后一盏配标准反光罩和挡光板的灯（3）打亮了背景（4），在布景过程中改变了它的位置以调整效果。

　　主光被调节为在模特脸部打出适合光圈值

为 f/16 的光，辅光在脸部同样位置打出适合光圈值为 f/11、快门速度 1/2 秒的光，第三个光源在背景的亮区中心打出适合光圈值为 f/32 的光。

后期制作

重新裁剪照片后，清理一下照片，修改衣服上的瑕疵，对脸部和脖子进行轻微的磨皮处理。将颜色调整为更暖的色调，把头发调成棕红色。整体用滤镜柔化后，局部修改头发的对比度和灰度。运用晕影效果让照片呈现闭合效果。因为衣服的摆动容易吸引过多的注意力，因此加强了衣服下方的晕影效果。

调整模特脸部的对比度，柔化整张照片；用暖色处理，加强头发的红色。

拍摄方案 66

使用设备

背景	黑色背景纸（3）
主光	爱玲珑 750J 摄影灯配柔光箱（1）
辅光	爱玲珑 750J 摄影灯配标准反光罩、挡光板（2）
遮光板、反光板、滤镜等	
机身	尼康 D2Xs
镜头	尼克尔 105mm *f*/2
全画幅 24×36mm	约 157mm
感光度	ISO100
快门速度	1/60s
光圈	*f*/11

我该看哪？

在准备拍摄肖像照时最经常被问到的问题应该就是它了。每个摄影师在这一点上都有自己的看法，这个看法与他想要创造的照片相契合。

我不认为要在这方面明确一个规则，并且证明只有一种拍摄方法。实际上，这取决于照片的用途和拍摄的环境。在我看来，即使构图相近，我们拍摄的方式也必然不同，不管是为拍摄掉了第一颗牙而哭泣的孩子，还是他初领圣体的哥哥，抑或是在提交资产负债表前夕的中小企业老板。

我们可以既不应客户要求，也不为了新闻时事而拍摄肖像照，因此不用解决这个问题，这样也就简化了模特姿势的选择过程，问题就化零为整了。

我在观看和研究有天赋的人的图像作品时，不管是画家的画作还是摄影师的照片，最容易让我保持注意力的经常是作品中模特凝视着观者的肖像作品。

所以眼睛"直勾勾地盯着镜头"就是我最喜欢的答案。

如此尝试这样窥视"心灵的窗户"，大诗人乔治·罗登马克（Georges Rodenbach）可能也会羡慕我吧。

取　景

将一个窄柔光箱（1）置于能在模特眼睛

下方制造出三角形光区的位置，也就是放在相对高且在一个能避免光线反射到线条好看的眼镜上的位置，不过这副眼镜的线条使得模特摆出的姿势更复杂了。

不需要用遮光板就能得到想要的对比度，因为在这个 Itisphoto 摄影棚里，墙被涂成黑色和深灰色，反射的光线很少。在浅色或白色墙的摄影棚或公寓里，用一个放在侧方的 40 厘米或 50 厘米的黑色屏幕也能很容易地实现这种对比度。黑色背景纸（3）被装着银色反光罩和挡光板的爱玲珑 750 焦摄影灯（2）打亮，而通过改变灯与背景的距离可以调节被打亮区域的大小。

模特脸部被打亮到适合光圈值 $f/11$。背景被过度曝光 2 挡光圈值，中心位置的光线被调整为适合光圈值 $f/22$。

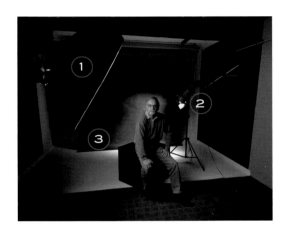

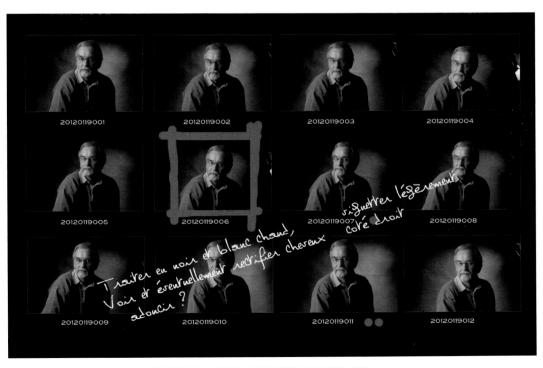

处理为暖色调的黑白照片，加上轻微的晕影效果。观察并在需要时调整右边的头发。柔化。

后期制作

　　在柔化前，这张照片只是调整了对比度和
灰度。很明显，这款焦距 105 毫米、光圈值为
f/2 的镜头拍出的照片清晰度相当高。

拍摄方案 67

使用设备

背景	白纸（6）
主光	保佳 A2400J 电源箱（1）、摄影灯（2）和大柔光箱（3）
辅光	
遮光板、反光板、滤镜等	两块白色反光板（4）和（5）
机身	尼康 D2Xs
镜头	尼克尔 60mm f/2.8
全画幅 24×36mm	约 90mm
感光度	ISO100
快门速度	1/125s
光圈	f/11

这里的布光方案不是其他方案中介绍的"法郎 3 块 6 毛钱吊灯布光大法"——我用这个说法是为了向我的朋友贝纳尔（Bernard）致敬，他是这方面的专家。首先想让大家明白的是，对于拍摄像这里用到的朝鲜蓟大小的物体，我们即使不用这类笨重且昂贵的大功率设备也能拍出类似的照片。

拍摄对象是我风干的蔬果中的一个。这里拍摄用的朝鲜蓟经过了几个星期或几个月的风干，保留了色彩。在拍摄中，这种独特的色彩从没让我失望过。

取　景

这种类型的灯光使用简便，不需要进行什么特别的操作，只需要把它放在物体上方，用反光板（4）和（5）反射它的光线以降低对比度并形成阴影即可。这里的"反光板"就是用来制作之前提到过的柔光箱剩下的边角料。在拍摄时我很喜欢用这类反光板来给这些小物体打光。考虑到厚度和重量，我做了不同尺寸的反光板，它们可以不用支撑物就很容易被竖起来，即使拍摄平台很拥挤也不用担心。为了固定拍摄物体，就像这里提到的水果或蔬菜，我用的是牙签，如果牙签或其阴影不小心出现在照片里，后期擦掉它的痕迹就可以了。

摄影灯（2）和（3）被调节为打出适合光圈值为 f/11 的光，根据拍摄物的厚度来判断这个亮度已经足够了，这样可以发挥镜头的最大能力。

后期制作

在后期处理时，照片竖直起来比横放更好看，因此我重新裁剪了照片。然后用画笔和橡皮擦工具去掉了白色背景纸（6）上所有的斑点和阴影。随后我改变了朝鲜蓟中心的对比度，并调整灰度以减少照片的暗区，最后调整色彩饱和度。

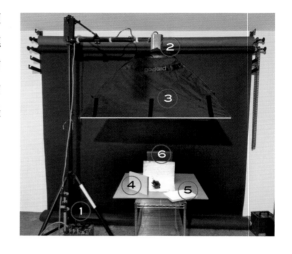

清理背景，裁剪成正方形，把物体竖起来。

制作照明

在接下来的几页里，你会看到一系列例子，让你能更好地认识到照明设备的位置与物体的距离不同而产生的照明效果的差异。在每一组照片左边的照片中，能看到灯的高度；相反，广角镜头和透视的使用会让距离的确定更难，所以要在这里明确解释。

50cm	后方，侧面	1、2 和 3
0	与半身像等高	4、5、6、7、8 和 9
80cm	前方，侧面	10、11、12、13、14、15 和 16
130cm	前方，侧面	17、18、19、20、21、22 和 23
150cm	前方，几乎正对面	24、25、26 和 27

保佳 A2400 焦电源箱（3）提供的光是由两盏摄影灯实现的，第一个（图例中展示的）装备着一个呈 60° 角的雷达罩（1）；第二个是笔形摄影灯，被放在（2）号点的高度，在半身像后，打亮了蓝色背景纸（5），在黑白成片中制造了中等灰度的灰色，但这盏摄影灯不为半身像打光，它被调整为适合光圈值 f/22 的光来打亮背景。另一盏摄影灯则被调整为适合光圈值 f/16 的光来打亮半身像。一块黑色反光板（4）被放在半身像附近以避免产生多余的反射光。支撑反光板的脚架是根据"更好的性价比"一节详细讲解的制造方法做出来的脚架之一。

拍摄是用两台尼康 D2Xs 完成的，第一台最大光圈值为 f/4，焦距范围 12—24 毫米，使用焦距为 12 毫米；第二台最大光圈值为 f/2.8，焦距范围 35—70 毫米，使用焦距为 70 毫米（ISO100、1/125 秒、f/16）。

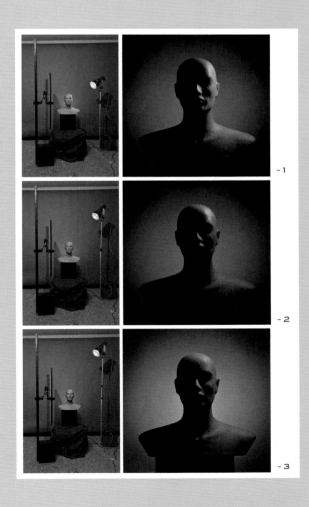

-1

-2

-3

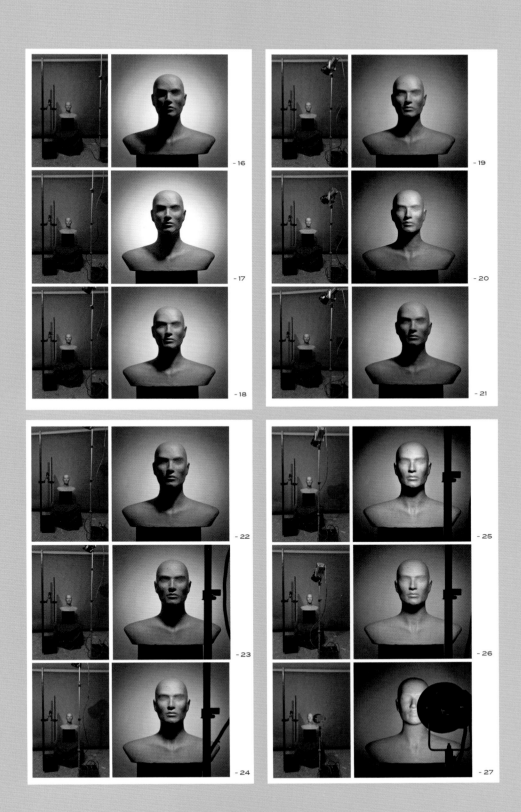

- 16

- 17

- 18

- 19

- 20

- 21

- 22

- 23

- 24

- 25

- 26

- 27

拍摄方案 68

使用设备

背景	多张彩色纸（3）在水面的倒影（6）
主光	尼康 SB16 闪光灯（1）
辅光	
遮光板、反光板、滤镜等	白色反光板（5）
机身	尼康 D2Xs
镜头	尼克尔 35—70mm f/2.8 微距镜头
全画幅 24×36mm	约 50—105mm（近似值）
感光度	ISO100
快门速度	1/1000s—1/5000s 区间内，具体不确定
光圈	f/4
特殊说明	装着水的塑料袋（4）和黑色水桶（2）

便携式闪光灯有个特别棒的用处，即可以帮助我们拍摄远远超出机身所能达到的最高速度的特别快的动作，即使是很老的款式也能实现，比如我的这只闪光灯（1）已经用了 40 年了。高速闪光支配着曝光，根据闪光灯与物体的距离、感光度，尤其是光圈的选择，能够达到 1/5000 秒的速度，甚至更高。

闪光灯要放在被摄物体旁边，可以让它消耗的功率降到最低，从而通过降低闪光灯的功率提高速度。如果调大光圈，比如这里的 f/4，就能很容易获得极快的速度来凝固水滴或牛奶奶滴的画面，不会有晃动的问题。

请注意：摄影棚的闪光灯是不能使用的， 因为它们的闪光速度太慢了。

取 景

为了拍到在同一个位置有规律地滴下来的一滴滴水，我简化了拍摄，即用针在一只塑料袋（4）上扎了一个很小的洞。

触发快门有很多种方法。纯粹主义者会用一个通过感应器、传感器、噪点探测器或定时器的系统来实现。这样的技术毫无疑问是可以实现的，但需要购买或自制设备，并且使用起来真的不方便。所以，如果你并不是想成为拍摄水滴或牛奶奶滴的专家，那就听天由命，凭直觉按快门吧。在拍摄了 10 张或 15 张拍得过早或过晚的照片后，你会逐步和水滴滴落的频率同步。在数码技术和随时查看拍摄结果的功能的帮助下，这个方案也可以得到不错的结果，还能让你节省不少时间和一些花费。

比起传统的牛奶奶滴照片，我更想展示一张多彩的照片作为图例。为此，我选择了一个黑色水桶（2），在水面上进行构图，并用黏在大尺寸白色反光板（5）上的几张彩色纸（3）在水面上制造出倒影（6）。

后期制作

仅清理了水面上所有的小气泡和妨碍解读照片的微小倒影，调整了对比度和灰度。

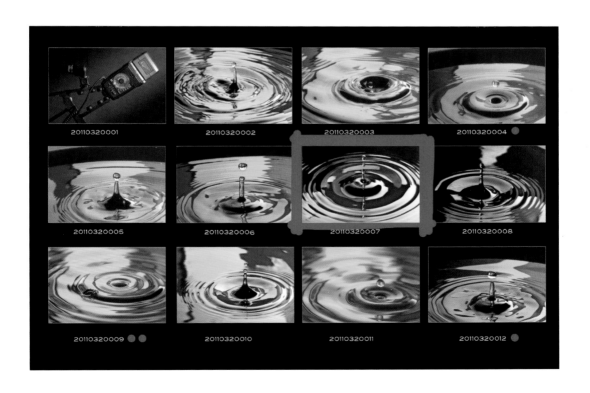

拍摄方案 69

使用设备

背景	黑色背景纸（3）
主光	800J Profilux 摄影灯配中等尺寸柔光箱（1）
辅光	800J Profilux 摄影灯不带反光罩，放在模特身后，朝向背景（2）
遮光板、反光板、滤镜等	
机身	尼康 D2Xs
镜头	尼克尔 35—70mm *f*/2.8　使用焦距：50mm
全画幅 24×36mm	约 50—105mm　使用焦距：75mm（近似值）
感光度	ISO100
快门速度	1/60s
光圈	*f*/11
特殊说明	拱顶和墙起到了反光板的作用

我已经叙述过给摄影师拍照是多么困难的一件事了，这个局面有点像是给裁缝做衣服、给鞋匠做鞋，或者是给汽车修理工修车，也许人家付你的钱也不多，你也不一定喜欢这个人！

不过，我给热拉尔·尤菲拉（Gérard Uféras）拍摄时没碰上这样的困难，可能是因为他心胸宽广很好相处吧。

说"没有困难"有点言过其实了，因为在取景时他穿的衬衫是白色的，如果有人询问我穿什么颜色的衣服拍肖像照合适，我强烈不推荐这个颜色。不是因为我赋予了白色一种象征意义而弃之不用，仅仅是因为我没有所需

的技巧或习惯，或者说两者都没有。我没法毫无顾虑地即兴拍摄婚礼照片（对于对此感兴趣的朋友来说是个很大的遗憾），在这种照片里，深黑色和纯白色往往是自然共存的。对某些人而言这是个专长，当热拉尔·尤菲拉离开歌剧院投身其中时，婚礼摄影也由此从工作变成了艺术。

取　景

拍这张照片没有使用什么特别的设备。一个装在 800 焦 Profilux 摄影灯上的柔光箱（1），调节为适合光圈值为 *f*/11 的光。辅光（2）放

在模特身后，朝向背景纸（3），不带反光罩，调节为在亮区的中心过度曝光 1½ 挡光圈值。没有其他反光板，因为取景的地点有浅色拱顶，可以产生足够的反射光来形成衬衫和脸部的阴影。

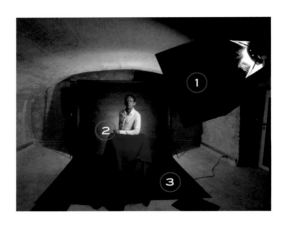

后期制作

从原片中挑选照片很简单，因为在取景时就知道我保存下了一张符合设想的照片，模特的微笑不引人注意但却扩散到整张脸上，这是热拉尔在普罗旺斯地区莱博市放映作品时我注意到的。照片被重新裁剪为我喜爱的正方形，这也是取景前就设想好的。临时搭建的支撑物是堆在一起的摄影器材的箱子，用布盖了起来，

被轻微拉伸了。最终的照片几乎就是原片，除了清理几个传感器的灰尘造成的污点外，没有修改别的地方。

调为暖色调的黑白照片，提高衬衫的对比度，保留右侧肩膀处的对比度。

拍摄方案 70

使用设备

背景	白色卷轴无缝背景纸（3）
主光	800J 摄影灯配窄柔光箱（1）
辅光	800J 摄影灯配窄柔光箱（2）
遮光板、反光板、滤镜等	
机身	尼康 D2Xs
镜头	尼克尔 Noct 55mm $f/1.2$
全画幅24×36mm	约82mm（近似值）
感光度	ISO100
快门速度	1/125s
光圈	$f/11$
特殊说明	80mm $f/1.2$ 全画幅！简直就是实现梦想，不是吗？

尖头高跟鞋和裸体！请求模特穿高跟鞋，还是尽可能高的跟，然后只需要摆姿势拍几张学院派风格的人体照。这些照片中没有一张的构图边缘是在大腿中部以下，这看起来可能很奇怪。有人从中看到幻想的阴影，有人则想向阿尔莫多瓦尔（Almodovar）致敬。嗯，完全没有！"完全没有"里的"完全"可能把一切都限定了，不管怎样，在没有这方面权威大师的帮助下，我们不要赋予单词其他含义。言归正传，不管是阿尔莫多瓦尔还是德沃斯（Devos），都与这样的言论没有关系，仅仅是美学的考量。你会立刻发现，站着穿高跟鞋不仅让腿部线条发生了变化，而且整个身体的姿态都变了。整个身体的弯曲度会不同，

让姿势透出些许女人味，而用白色、黑色或彩色的球鞋体现女人味则会有点困难。

取　景

卷轴无缝背景纸被涂成哑光白色（3），根据曝光量不同，它会从最纯正的白色变成有点暗的灰色。在图例照片里，摄影灯只用反射的余光打亮背景纸，反射的余光朝向背景，曝光不足，比主光低2挡光圈值（$f/5.6$）。我们可以通过在摄影灯和背景之间放遮光板把这个光圈值降得更低，但如果想要一个更暗的背景，在摄影棚里用一张中灰色甚至黑色的背景纸更简便，尤其像这里，在背景纸卷轴不影响构图

的情况下更可以这么操作。

摄影灯（1）被调节到适合光圈值 f/11，尼康 55 毫米、f/1.2 镜头特别好用，如果你在博马舍大街或别处遇到了个实在的卖家，我建议你买下这款极好的老镜头。这款镜头最大光圈值为 f/1.2，比别的镜头能更好地调整景深。注意别跟 50 毫米、f/2 镜头搞混，因为光圈值的不同书写形式可能导致混淆。

摄影灯（2）的亮度调整为适合光圈值 f/11，通过确认模特胸部和脸部的效果来摆放它们，注意鼻子的阴影不要太高。此外，还应

重新裁剪后，用暖色双色调模式处理；柔化照片，突出右侧乳房，对胯下进行修改。

该特别注意鼻子的阴影和眼睛的位置，在理想的情况下，为了不要有太多的眼白，模特的目光不在脸部的天然轴线上，而是轻微转向"摄影师"的方向，如图所示。

最后确定骨盆和胸部的位置来获得想要的阴影。

后期制作

调整好照片后，清理掉微小的瑕疵和皮肤的自然褶皱；轻微修饰胯下，因为性征的轮廓太明显了。然后用我常用的滤镜柔化照片，随后用暖色双色调模式调暖色调。最后运用了轻微的晕影效果。

拍摄方案 71

使用设备

背景	黑色背景纸（1）
主光	250W 家用白炽灯（2，被挡住了）
辅光	250W 家用白炽灯［3，被纸箱（4）挡住了］
遮光板、反光板、滤镜等	镜头遮光板（7） 白色塑料反光板（5） 30×30cm 镜子（6）
机身	尼康 D2Xs
镜头	尼克尔 35—70mm f/2.8　使用焦距：40mm
全画幅24×36mm	约 50—105mm　使用焦距：60mm（近似值）
感光度	ISO100
快门速度	1/15s
光圈	f/8

第一盏家用白炽灯，也就是在后页原片那页的第一张照片里的灯（3），用来照亮背景（1），但被放在平台下面并被平台挡住。第二盏白炽灯（2）实际上是主光，被一个用作遮光板的纸箱（7）挡住了。

我特意遮住这些灯光，就像取景时它们必然不被纳入构图一样。挡住它们能让我在拍摄时避免难以控制的眩光！

照明使用的光源应该不朝向相机镜头，这一点很重要，因为即使是能最完美地处理"反光"的镜头，还是有出现眩光的风险的。甚至在一些极端情况下，能看到画面形成一些对称发光的几何形或彩色的斑点与图像。

镜头眩光是在光线直接打亮镜头的时候形成的。如果镜片表面有点脏或者有细微的刮痕，它就会更加明显。

当然，我们可以利用镜头眩光制造一些效果，这样的例子很多，尤其拍人物照时，我们可以利用这样的效果。肖像照的一角射入太阳光的形式一直被婚纱照和广告照普遍使用。

镜头眩光主要影响了照片的阴暗区域，它会通过降低对比度柔化照片，会吃掉最细微的细节。根据使用的光圈不同，它的效果也不同。

有一个简单的避免方法，在摄影棚里更为重要，就是在镜头上正确放置遮光罩，要注意遮光罩安装的方向。我经常看到遮光罩的反面朝外放，这是在储存或运输机器时才采用的安装方法。另一个加剧镜头眩光的因素是一直加在镜头上的防紫外线滤镜，因为没有镜头质量好，因而降低了拍摄效果。另外，由于增加了一个由空气和镜片构成的表面，而遮光罩在设计时并没有考虑到滤镜的问题。

取 景

借助家用白炽灯的变阻器，灯光的比例分布设定好后，纸箱（4）左侧的阴影打到了白色塑料反光板（5）上，罗马花椰菜的阴影区域被固定在脚架上的镜子（6）重新照亮，左侧也是，脚架的做法指南里叙述过。用于形成阴影的反射光线的数量是可变的：只需要改变反光板与物体的距离就可以了。

光圈选择可考量，是为了得到想要的景深，不管相机是用 A 挡光圈优先模式还是 M 挡手动模式都不会有困难。将相机固定在脚架上拍摄！

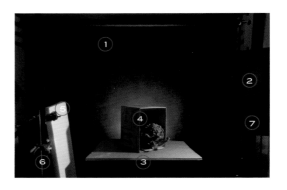

后期制作

　　仅仅需要把照片裁剪为一个未被明显拉长的尺寸。

拍摄方案 72

使用设备

背景	黑色背景纸（6）
主光	800J 摄影灯配雷达罩（1）
辅光	800J 摄影灯配标准雷达罩和挡光板（2）
遮光板、反光板、滤镜等	银色反光板（3） 两块 50×100cm 黑色塑料遮光板（4）和（5）
机身	尼康 D2Xs
镜头	尼克尔 35—70mm *f*/2.8 使用焦距：70mm
全画幅 24×36mm	约 50—105mm 使用焦距：105mm（近似值）
感光度	ISO100
快门速度	1/250s
光圈	*f*/16

某天在医生的候诊室里浏览杂志时，摄影师注意到一些照片，希望能够安静地欣赏它。不出所料，就在他沉浸于对照片的研究中想要探明它有趣的地方时，医生诊室的门开了，然后摄影师就被叫了进去。他本打算在看诊完之后再看看那些照片，但也许是因为急着要在关门前赶到药店所以给忘了，也许是那本一直觊觎着的杂志落到了某一位女病人手中，她那不耐烦的孩子把这一页撕碎丢到玩具箱里了。说了这么多，就是为了给你解释我曾经见过并且喜欢过一张这样的照片，确切地说，它是一次美国艺术家展览的广告照片。记忆里，我还记得它的图像和色彩，但姿势有些不一样。

取　景

那张照片使用了高光，它的设定符合我想要为这张照片制作的照明效果，但我的印象不太清晰了。为了加强模特的脸部轮廓，白色反光板被黑色遮光板（4）和（5）取代，因为它们能遮住侧边的反射光线。这些遮光板就是白色的塑料板，一面被水彩颜料涂成了黑色（不能用喷涂颜料）。

另一个关于高光照明的变化在背景上，这一次背景被打亮，就为了打出与主光相比过度曝光 1.5 挡光圈值的光，由通过安装在（1）上的雷达罩实现。

后期制作

重新裁剪照片，黑色遮光板的一部分在画面左边被保留可见，以此加强构图的对角线，使照片在这个没有什么"装饰"的部分形成闭合感。调整照片灰度，降低颜色饱和度，直到摸索到想要的效果。然后运用高斯模糊滤镜柔化照片，随后再次调整已经被柔化的照片的对比度和灰度。

最后，成片跟我记忆里的样子已经没有什么相似之处了，抱着这本杂志还没有被扔进纸篓的希望，我要再回到医生那里，把它据为己有，然后撕下那一页。

请注意：力图搞懂为什么某张照片让人喜欢，为什么某个构图设计得很好，是我经常进行的练习，也是我强烈推荐的练习。

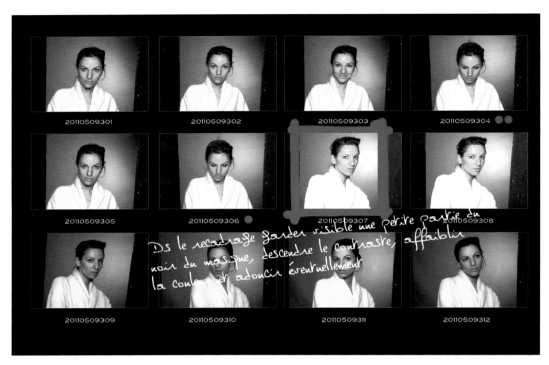

在重新裁剪照片时，保留一小部分黑色遮光板，降低对比度，调弱颜色，需要时柔化照片。

简单、不贵还有效

不管是在室外还是在摄影棚里，反光板是拍摄时必不可少的工具。在室外使用时，我们会发现它有很多优点：可折叠，通过改变罩布就能改变反射光线。在摄影棚里，有一个无可比拟、简单至极且性价比极高的替代品，那就是建筑使用的塑料泡沫板。我们可以通过两种方式获得：一是从工地上拿一块，这有点不道德会被指责，我强烈建议不要这么做；二是去建筑公司供货仓库购买。

我用的反光板是 2×0.9 米，厚 5 厘米的塑料板。买到这些板子后，用水彩颜料把其中一面涂成黑色，遮光板便做成了，它可以去除反射光线并提高对比度。

剩下的工作就是要让它们保持竖立，以下要说的这种脚架非常简单、实用，你可以在十几分钟内把脚架与 3 块厚木板组装在一起，如图所示。你还可以把脚架涂成黑色或白色，或者根据自己的心情涂成一边黑一边白。老实说，它的颜色并不重要，对我们的影响很小，几乎可以忽略。

拍摄方案 73

使用设备

背景	涂成灰色的木板
主光	1000W 电影灯（1）配白色反光伞（2）
辅光	
遮光板、反光板、滤镜等	
机身	尼康 D2X
镜头	尼克尔 12—24mm *f*/4　使用焦距：18mm
全画幅 24×36mm	约 18—36mm　使用焦距：27mm（近似值）
感光度	ISO100
快门速度	1/8s
光圈	*f*/8 1/3

　　有人说——不过这很可能是嚼舌的人说的——如果意大利或欧洲其他国家的柠檬树都被种到西西里岛上，那至少一平方米的地方就种有一棵。在这片美不胜收的宝地上，以这种非常自由的方式，柠檬不仅被种在田里，还被种在公路旁、广场上、院子里和教堂门前。照片不是设计出来的，它只是一张拍摄偶然组合成静物画的日常物品的照片，这些物品在很多意大利老宅中十分常见，宗教画和这些日常使用的物品并不是特意为了装饰的。夜晚的气氛和关闭的百叶窗是我拍摄时想要的效果。

取　景

　　配白色反光伞（2）的 1000 瓦电影灯（1）

是唯一使用的光源，但由于房间很小，这个光线肯定会反射到整个环境里，使得照片的对比度和阴影都不强烈。唯一的困难在于不要让反光打在看起来像监狱里的小窗户的玻璃上。

后期制作

重新裁剪，然后处理为黑白照片。重新调节对比度，首先进行整体调节，然后按区域调节，根据拍摄物体选取不同的数值。柠檬、宗教画、映出金属护栏的玻璃窗、窗户的把手、刀把，所有这些都被重新调整了对比度和灰度。

最后，照片被轻微柔化以破坏清晰度。鉴于我们最后把照片处理为黑白效果，白平衡不需要进行特别的调整，相机的自动调节功能就已经将画面调整得相当好了。

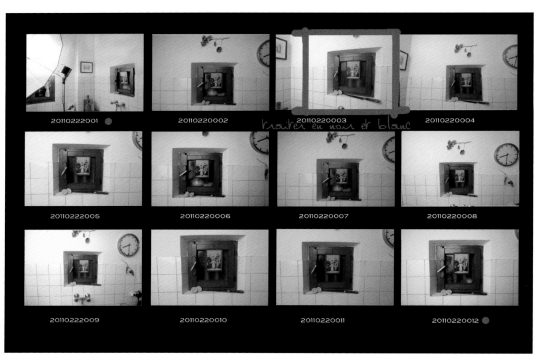

处理为黑白照片。

摄氏度（℃）、开尔文（K）及它们难以处理的混合情况

开尔文是一个热力学温度单位，后面不需要加上"度"这个字，现在常用一个简单的"K"或"开"来表示。自 1967 年起，原来放在"K"前面的度的标志"° "被取消了。所以，开尔文就是一种温度的度量方式，用来标定色温，并且在需要时用来平衡打亮场景或拍摄物体的光源温度。首字母大写的"Kelvin"指的是威廉·汤姆森（William Thomson），他是英国勋爵，著名物理学家、热力学家。

数码技术、白平衡、Raw 格式，以及所有辅助我们的信息技术，使得我们如今在摄影时很少会像从前那样使用色温计和滤镜来调试光线，使其完美地契合日光型胶片或灯光型胶片。

这种由现在的摄影设备提供的能立刻适应色温的便利技术有一定的局限性，就像帕特里克·穆尔说的那样，尽管这种便利技术既新潮又优质，但还是有不少情况是这种技术目前不能控制的。

混合不同色温的光源依然是不可能实现的，除非黑白摄影，如果取景的特殊条件要求必须混合两者，可以通过固定某一个光源（最难改变的那个）并且过滤另一个光源来平衡两种色温。这个问题在拍摄工业照片时尤其常见，特别是拍建筑物的照片时。

举个不太现实的例子，我们可以想象一下，在白天所有灯都开着的情况下拍摄凡尔赛宫的镜厅。为了能正确拍摄，要么用彩色滤光片过滤所有窗户透过的光，73 米长的厅的 17 个朝向勒诺特（Le Nôtre）花园的落地窗全部打开（如今很多人心甘情愿地付钱拍照），要么就用自然光灯泡换掉挂灯上的灯泡。

实话说，如果你建议凡尔赛宫的管理员这样拍，我担心他们不愿意花这笔钱。现在，如果是著名的让 - 保罗·古德（Jean-Paul Goude）负责给"法国大革命 218 年纪念"拍摄纪念照的话，我觉得这个计划应该能成。

出于好奇，上谷歌搜索镜厅的照片。有一些拍得很好，但我从中没发现有哪张实现了平衡：

• 要么是挂灯都被关了，只有自然光照亮镜厅。

• 要么是挂灯亮着，调整日光，使得蜡烛发出的光线呈现橘黄色。这个光线不参与照明，后期可以修改它。

• 要么是挂灯亮着，我们注意到窗户的光没被过滤，因为它们打亮的区域看起来是微蓝的，就像这些区域在窗户对面镜子里的反光一样，窗户也是镜厅美丽、奢华的一部分。

彩色滤光片

我们很容易在电影专业照明商店找到彩色滤光片。

• 蓝色滤光片（81）可以让人造光变成自然光。我们把它放在人造光线的平衡光源上。

• 橘色滤光片（85）可以把自然光变为人造光。我们把它固定在窗户外面，最好用胶带固定，因为哪怕是最和善的房东也相当讨厌钉子或图钉钉出的洞。

拍不成凡尔赛宫，我们还可以拍别墅、

公寓和好看的房间。图例中的曝光分析和白平衡首先是在相机上处理的，然后手动调节色温，即优先调节一个光源的色温，然后再调节另一个。

幻想修复一张这样曝光程度的照片是不理智的，也许重新拍更好。比如这个例子，调整人造光的色温，这个光源在照片里是看不到的，但可以在光源前放一片蓝色的滤光片，或者更简单，换成自然光或电子闪光灯，色温也要调成自然光的色温。

如果没拍好呢？要么接受照片原本的样子，如果需要卖给某个计划或者理念性的活动的话，就高高兴兴地把它打包好交出去；要么做成黑白的，如果我们对颜色要求苛刻的话——把它扔了，就当为这个主题交学费了。

相机的软件分析了场景并且在曝光的计算中优先考虑了阴影，色温则被固定为4900开的自动模式。照片过度曝光：室外的清晰度尚可接受，但室内的人造光在所有它照亮的阴影上形成了强烈的具有主导性的橘红色，显得有些呆板。

重新调整曝光，调整白平衡为5400开。所有被自然光照亮的区域效果都不错，从白墙和门框就能看出。但所有被人造光照亮的区域都成了橘红色。

这次调整的是人造光的白平衡，手动调整为3400开。被人造光照亮的区域色彩很好，但照片上所有室外光线照亮的地方则都变成了蓝色。

拍摄方案 74

使用设备

背景	旧木板（3）和用来固定细短绳的旧钉子
主光	1000W 电影灯（1）
辅光	
遮光板、反光板、滤镜等	一块用来制造光束的遮光板（2）
机身	尼康 D2Xs
镜头	尼克尔 35—70mm $f/2.8$ 使用焦距：35mm
全画幅 24×36mm	约 50—105mm 使用焦距：50mm（近似值）
感光度	ISO100
快门速度	1/30s
光圈	$f/11$
特殊说明	将相机固定在自制脚架上（4）

一天早晨，在我刚刚停好车的超市停车场的矮墙上，我发现了一只死了的小鸟。它浑身的羽毛纹丝不乱，看起来像是安静地睡着了，有点像阿尔蒂尔·兰波（Arthur Rimbaud）的诗歌《幽谷睡者》（Dormeur du val）写的那样："没有什么能阻止它飞向鸟儿的天堂。"我决定带走它，不让它被这个地方经常出现的流浪猫吃掉，把它郑重地埋在长满了百日草的花园一角。在让它入土之前，我情不自禁想要保留下对它的记忆，我想要给它拍一张照片，就像让 - 巴蒂斯特·乌德里（Jean-Baptiste Oudry）、夏尔丹和雅各布·德巴巴里（Jacopo de' Barbari）画作里猎物被捆住的样子，一张结合了死亡与美丽的照片，如同人间的名利场。

一块被切割成 4 块的旧木板（3）和一把钉子足以构成我觉得合适的布景。光线是由一盏 1000 瓦的电影灯（1）打出的，灯光经过了一个被剪出了不规则开口的纸箱做成的遮光板。

我对于鸟类的认识只停留在能分清海鸥和乌鸦的水平上，我很想知道这只小鸟是什么种类。我的朋友看了我展示的照片，确定地告诉我这是一只大山雀，意大利大山雀的一种，是一个不应该被苛待的保护品种。

取 景

布好景之后，我对光线进行了定位和处理，即用一个纸箱剪出了一个不规则边缘的开口

（2）。为了在灯前固定这些"塑形板"，我制造了一个叉子形的工具，它结实且便于操作。有一个支撑物牢牢地固定滤镜或遮光板以求能够平静、安心地工作是很重要的。一方面，因为这些光线持续时间长、功率大，例如摄影灯和造型灯发出大量的热量可能会融化塑料滤镜或烧着纸质遮光板；另一方面，因为经常需要调节设备的距离和位置且不能损害线路装置，这些多样化的轻便材质便经常要用胶带固定。

光线布置好了，其余的都不难了。f/11 的光圈值让快门速度变低，由于我们要在脚架上拍摄，曝光时间就不是一个真正的问题了，当然要是相机能达到的最低值。

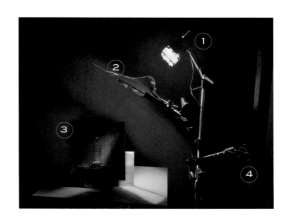

2：处理为黑白照片，加入晕影效果。
1：彩色照片—注意在鸟嘴暗处构成的轴线上的核桃壳看起来过度曝光。

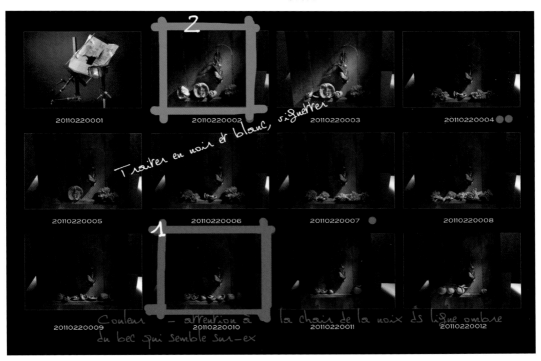

后期制作

有两种处理方式可以突出选择的重要性：黑白的或是彩色的。后者更有利于照片的解读；如果彩色被调成黑白，拍摄物体会变成灰色，与环境混淆在一起。我们从彩色照片的样片中能够注意到这一点。在布景时，通过对背景纸卷的选择，你可以轻松实现自己感兴趣的颜色。实际上，我觉得如果你经常拍黑白照片且不排斥彩色照片的话，与其买灰色背景纸，倒不如买彩色背景纸，它可以在你拍摄黑白照片时提供让你满意的灰色效果，相当于用一种纸的价钱买到了两种背景纸。

彩色处理。照片不需要进行大处理，不过我还是做了两处修改：第一处修改了从左边数起的第 4 颗核桃的白色部分。这个正对着灯光的核桃的果肉被过度曝光了，看不出质感，所以我通过复制第二颗核桃果肉的白色部分重新修复了这颗核桃，清晰度是一样的；第二处修改是缩短了钉子上方的绳子，因为我不喜欢它在照片中被突出。

黑白处理。没有太多要处理的，只需要在照片裁剪好后加上晕影效果。对比度按不同区域调整，在运用了轻微的柔化滤镜后还调整了灰度。

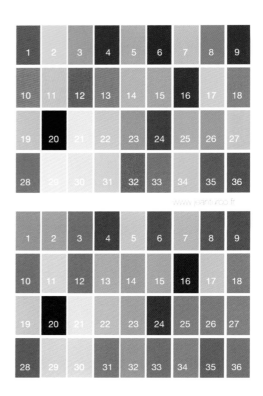

拍摄方案 75

使用设备

背景	白色卷轴无缝背景纸（1）
主光	600J 摄影灯配柔光箱（2）
辅光	600J 摄影灯配柔光箱（3） 400J 摄影灯配斜口背景罩（4）和（5），朝向背景
遮光板、反光板、滤镜等	
机身	尼康 D2Xs
镜头	尼克尔 28mm *f*/2.8
全画幅 24×36mm	约 42mm（近似值）
感光度	ISO100
快门速度	1/250s
光圈	*f*/11

与赫维·布鲁哈（Hervé Bruhat）、赫维·路易斯（Hervé Lewis）和米歇尔·佩雷斯（Michel Perez）竞争拍摄内衣照是个有趣的挑战，但得有与之匹敌的照片。他们展现诱惑的专业水准让我觉得这个比试很不公平，因为他们除了有完美的技术外，还有能让他们挑选完美的对象来拍摄的经费。

不过，如果不与他们竞争的话，就可以毫不犹豫地借鉴他们的风格了，只要写上"按照……的方式"就可以。靠近、理解和掌握这个技术，然后达到用自己的方式拍摄的目的。不管是对摄影师还是对模特而言，拍摄这个主题可以带来很大乐趣。请放心，收到你送的这套黑红色内衣的人不会反对欣赏一张按照"路

易斯的方式"拍摄的照片。你可能要考虑这么做——如果你对人体照片感兴趣，并且向模特展示了你有能力拍出好看的照片，她要是觉得"还不错"的话，这个穿得有点少的跨入摄影界的第一步会促使她脱下内衣，可以在不改变光线的条件下拍摄更学院派风格的人体照片。

取 景

布景方案是一个已经在别处使用过的用于这一类白色背景的明暗照片的拍摄方案，接近欧巴德（Aubade）内衣照的照明效果。这次我设想通过有点接近负感作用的处理方式改变照片的效果。很多人在冲印室都实现过负感作用，

就是在我们打开灯要换负片时忘了还有一张曝光不足的照片泡在显影液里。有一些人更幸运、更有艺术感、更出名，他们把这个错误变成了技术，从而发展出一种风格，这使得他们如今拥有所有拍得好的负感作用照片之父的名号。曼·雷毫无疑问是这门艺术最伟大的代言人。所以这类照片最重要的是有漂亮的白色，因为它们才是后期要进行调色处理的关键。除了两盏打亮背景（1）的灯（4）和（5），柔光箱（2）和（3）的位置也很重要，因为它会影响对比度。将这些光线调整到适合光圈值 f/11 之后就不要再动了，但可以调整模特的位置，通过朝向或背向光源转动肩膀几厘米，就可以彻底改变阴影的面积。背景要用多加 2 挡光圈值的光打亮，即最亮处的光线适合光圈值 f/22。

后期制作

清理、柔化照片，调整总体对比度，在模拟负感作用效果处理之后，重新处理内衣的灰度以使其显得更清晰。软件自带的负感作用滤镜把重建和调整的各个阶段组合到了一起，操作快捷而高效。但直接使用的效果不是我们想要的，因此用 Photoshop 对照片进行了彻底的处理。

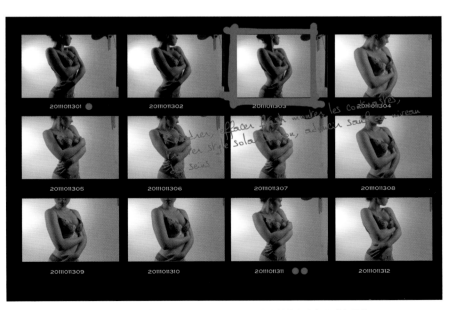

重新裁剪，去掉摄影灯，提高对比度，加入负感作用效果，除胸部外的部分都要进行柔化。

拍摄方案 76

使用设备

背景	黑色背景纸（2）
主光	保佳 A2400J 电源箱——摄影灯配柔光箱（1）
辅光	
遮光板、反光板、滤镜等	
机身	尼康 D2Xs
镜头	尼克尔 18—70mm f/3.5—4.5　使用焦距：40mm
全画幅 24×36mm	约 27—105mm　使用焦距：60mm
感光度	ISO100
快门速度	1/60s
光圈	f/11

在这个位置上用质量上乘的柔光箱比用一堆蜡烛或煤油灯更容易照明。

但拥有这样一个设备意味着我们要想在摄影棚拍一些照片，肯定要花一笔钱，所以要不要配备它需要思考一下。

从经济角度来看，如今很容易预估投入摄影所需的开销，去网上确认我们能在上面找到的……最差的设备，它的外表看起来跟最好的没两样，不过价钱很便宜。别幻想着用在香榭丽舍大街的餐馆里买牛排、薯条，或者在里尔或勒卡内市的夜店看场表演的价钱就能买到高质量的设备。

我个人认为，比起全新的入门级或不知名品牌的设备，我更建议买专业大品牌的二手设备，如布朗、戈达尔、保富图、保佳等牌子的电源箱，无敌霸的有三盏摄影灯，以及所有必配的高质量套装，如塑形灯、脚架和电缆，所有能很快组装的移动摄影棚的设备其功率往往在 200 焦到 800 焦以上。我有一套 800 焦的设备，是 MMF Pro 公司制造的，在法国发售，被用来拍摄本书中提到的在阿尔勒和普罗旺斯地区莱博举办的欧洲人体人像摄影节时拍摄的照片。

如果你怀疑摄影棚是否能带来快乐，为什么不在花钱之前尝试一下呢？在我主管的艺术家协会举办活动时，我们向参与者开放 Itisphoto.com 所拥有的摄影棚使用权，也正是在那里我拍了很多本书中的拍摄案例。也有别的地方可以尝试，但我更喜欢谈谈自己尝试过的和了解的，尽管这看起来像是在打广告。况且，这就是在打广告！

取　景

照明时，除了柔光箱没有别的设备了。一个大尺寸的柔光箱接在保佳 A2400 焦电源箱（1）上。观察敏锐的人会发现这款 Chimera 为戈达尔代工的柔光箱是戈达尔摄影灯专用的，确实是这样。只需要更换这种柔光箱的卡盘就可以把它们连接到其他设备上。

在这个拍摄方案中，光圈和快门速度都不构成问题，我们可以任意选择某一个，甚至可以用手持相机的方式拍摄。出于习惯，我还是更喜欢并建议一直使用脚架，因为它可以让我

们更从容地检查构图并在需要时改变构图，而不需要担心丢失已经调整好的取景构图。

简单得很！你是不是不自觉地说出了"简单得很"？就是这样。用这样的设备是多么幸福的事啊！

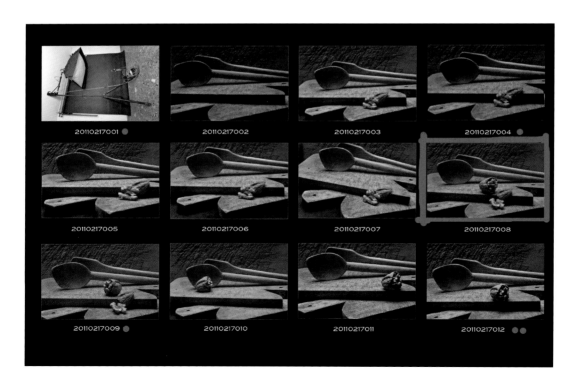

后期制作

成片就是传感器成像后的原图。

毫不含糊？

这是个问题！我已经从别处听到了这个回答，但我觉得它跟男性人体摄影没有直接关系。"生存还是毁灭"？男性人体摄影是不是一个问题？那些在艺术杂志某一页的背面、在献给摄影师或摄影海报以及书籍中看到男性人体照片而感到惊讶的人就常会提这个问题。这至少是因为好奇吧！

实际上，女性人体摄影已经彻底成为一种风尚，人们可以喜欢它、无视它、讨厌它，不会产生别的问题；但面对男性人体时，照片主角的性取向（不管是摄影师还是模特）则会立刻被提起，这是司空见惯的。

客观地说，优秀的摄影师，比如罗伯特·梅普尔索普毋庸置疑是位艺术家，也是位不可控制的艺术家，是个有意或者无意做了很多让我们仰慕和从中得到灵感的事的艺术家。其他没那么有天赋、没那么敏感、没那么优秀（不那么有幸福感）的人也通过摄影表达了他们的想象。我认为，这样的性含义来自一些色情写真集强加在男性人体上的印象，所以经常是负面的，把出于简单的美学考量、想要尝试拍摄这类照片的人的任务复杂化了。

我们可以就像拍摄女性一样拍摄男性——我可以保证不会对与我个人好恶不同的品位做评判——穿着衣服或裸体，出于对照片的兴趣和对摄影的热情。同样，拍风景照也不必非要成为风景设计师或旅行家，拍战争照不必成为战士或军火商，拍蜗牛的照片也不必得是波尔多或勃艮第人，说到这里应该放个大大的感叹号。

不过，我怕只是说说却改变不了什么！

实际上，还有更复杂的拍摄主题，比如文森特·图洛特，他的照片也体现了这句话，而他是位天才艺术家、摄影师，我很高兴跟他成为朋友。在阿尔勒的欧洲人体摄影节上时我给他拍过照，他自己也可以证明这点：毫不犹豫，毫不含糊。

拍摄方案 77

使用设备

背景	黑色背景纸（3）
主光	800J 单筒摄影灯配柔光箱（1）
辅光	800J 单筒摄影灯配柔光箱，18cm 银色反光罩，挡光板（2）
遮光板、反光板、滤镜等	
机身	尼康 D2Xs
镜头	尼克尔 35—70mm f/2.8　使用焦距：35mm
全画幅 24×36mm	约 50—105mm　使用焦距：50mm（近似值）
感光度	ISO100
快门速度	1/60s
光圈	f/11

　　任何地方都可以被改造成摄影棚，但肯定有一些地方比另一些地方更适合这种用途的变化。2011 年的欧洲人体摄影节在美丽的普罗旺斯地区莱博市组织了工作坊，摄影棚设在一个洞穴式的老住宅内。这类地点的主要问题是高度太低，多余的光线反射会降低照片的对比度。考虑到平方反比定律，我们尽可能通过降低光源与物体的距离来限制这种效果。高度太低造成的第二个问题是光线不能打在理想的位置上，所以在取景时只能用技巧来重建光照度的轴线。

取　景

　　主光是由无敌霸套装里的 800 焦 Profilux 单筒摄影灯（1）发出的，在它上面装着一个 100 × 60 厘米的柔光箱。黑色背景纸（3）被 800 焦摄影灯（2）打亮，配一个 18 厘米的银色反光罩和挡光板。这盏灯是用来勾勒模特左肩膀的亮区的。主光被调节为适合光圈值 f/11，背景的灯则被调节为适合光圈值 f/16，也就是过度曝光 1 挡光圈值，由此来制造一个深灰色区域。

后期制作

　　摄影棚的优点就是它能最大限度地实现脑海中构想的照片效果，所以修改照片的工作就是简单的裁剪而已。照片被修改为正方形构图，这是我出于习惯经常用的尺寸，我在使用数码相机前优先设置使用的尺寸。除了裁剪，还调整了对比度，然后用双色调模式进行调色处理，用的是黑色和暖色调的灰色。模特的头发和眼睛被轻微调亮，皮肤上的一两个瑕疵被修掉了。然后按不同区域柔化照片，使用经过笔刷处理的滤镜，对照片不同区域进行柔化，随后调整整体对比度和灰度，得到了最终效果的照片。

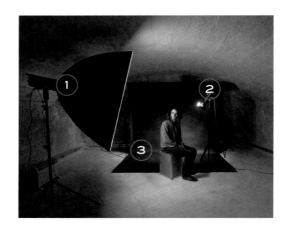

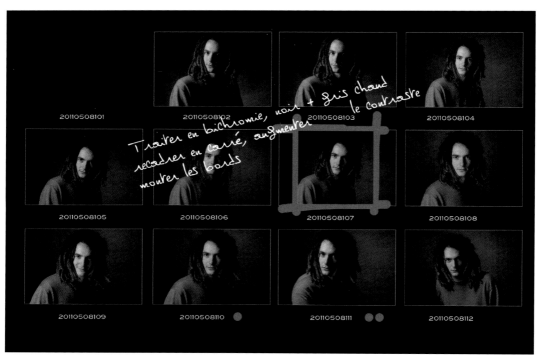

处理为双色调模式，黑色加暖色调的灰色；重新裁剪为正方形；提高对比度，调暗照片边缘做出边框效果。

拍摄方案 78

使用设备

背景	之前拍摄时踩在地上而褪色的黑色背景纸（5）
主光	750J 摄影灯（1）配标准反光罩
辅光	750J 聚光灯配斜口背景照，打亮背景（2） 750J 聚光灯配斜口背景照，打亮背景（3）
遮光板、反光板、滤镜等	防反光遮光板（4）
机身	尼康 D2Xs
镜头	尼克尔 35—70mm *f*/2.8　使用焦距：50mm
全画幅 24×36mm	约 50—105mm　使用焦距：75mm（近似值）
感光度	ISO100
快门速度	1/60s
光圈	*f*/11

把拍摄场地布置出分割开摄影师和模特的空间，这经常是个让模特放松下来的好方法。一张桌子、一个支撑家具的简单的木头块就足够了，而被这个临时遮蔽物挡着，很多主题都能很容易地拍摄出来，当然也包括人体照。当知道隐私部位会被挡住后，那些没有摆姿势习惯的模特会减少"焦虑感"。这个办法也适用于肖像照，在浏览这本书时你会发现这是个我不吝惜使用的方法。

我在这方面没有革新，其他许多人也使用这个布景，比如优秀的摄影师让 - 弗朗索瓦·伯雷（Jean-François Bauret），这个方法就是他教我的。他拍摄的洛朗·特兹弗（Laurent Ter-zieff）的那张出色的肖像照是我最喜欢的照片之一。

用一块暗色的、单色的，可能是一块不怕皱并且能抚慰英国战士思乡之情的泽西平针布，盖住所有不好看的支撑物。

取　景

没有比这更简单了，因为这里的方案只需要一个光源（1）。这个灯光只需要放得相当高就可以了，我们通过控制它制造的阴影和模特眼睛里的反光，就很容易控制它的位置，眼睛里的反光最好在 10 和 14 点钟的位置之间。如果背景是浅色的，就只用一个光源，但这里选择用黑色的背景（5），因此我多用了两个光源（2）和（3）来制造环绕模特的灰色区域。

　　Itisphoto 摄影棚的墙和天花板都是黑色的，但如果你在公寓里拍摄，很少能找到涂成这种颜色的房间。天花板和墙都是浅色的，会造成多余的反射光线并降低对比度。这些反光可以用闪光指数测定器测量，它们的强弱会根据房间的大小而变化，还会根据光源与拍摄物体、拍摄物体与环境的距离而变化。使用黑色遮光板（4）会阻止这些反射和光并保持想要的对比度。这块遮光板要放在距离拍摄对象尽可能近的地方。

处理为黑白照片，修改模特接种疫苗时留下的痕迹；轻微的晕影效果；提高对比度。

后期制作

重新裁剪后，照片被调为黑白，皮肤上的小瑕疵被修掉了，眼睛被轻微提亮。发绺（叛逆的痕迹？）放任它随意地摆放吧，不用那么完美，让我们简单点！

对不同区域分别调节光亮度，然后用高斯模糊滤镜图层做成的蒙版对图片进行柔化。这样的操作会削弱对比度和灰度，所以之后又调节了对比度和灰度。

拍摄方案 79

使用设备

背景	黑色纸箱（1）和白色纸箱（5）
主光	250W 家用白炽灯（2）
辅光	
遮光板、反光板、滤镜等	塑料泡泡纸做的散光灯罩（3） 一块碎镜子（7） 白色反光板（6）：白色压缩材料板的边角料
机身	尼康 D2Xs
镜头	尼克尔 55mm f/1.2
全画幅 24×36mm	约 82mm
感光度	ISO100
快门速度	1/15s
光圈	f/8
特殊说明	工作台（4），白色木板（8）

这张照片拍的是一个很平常的物体，主要是为了展示用很小的花销也可以实现布光，并且突出一张照片中的能吸引人注意的许多方面。

这张照片的构思是突出纸盒的结构、鸡蛋的编号和盒子的标记，我只用了一盏简单的家用白炽灯照明，花几欧元就能在任何一个寄卖店或旧货市场买到。

我打算用白炽灯的反光来照明，当我把它朝向拍摄物体时，装在简单、有效的反光罩里的灯管发出了非常刺眼的光线，用透明描图纸、透明纸或图例中采用的塑料包装泡泡纸（3）来实现散射效果。

注意：灯管很快就会变热，要注意把泡泡纸放在离反光灯罩足够远的地方以避免着火或者被烤化。

在这个光源上加一面镜子和一块小尺寸的反光板。我们注意到（4）号位置用了一个脚架，其做法参见"更好的性价比"一节。

取 景

对这一类拍摄物而言，布光（2）方式很传统，放在其上方和后方，指向前方。在镜头上装一个符合使用焦距的遮光罩，检查确保任何光线直接照射镜头的前端镜片，以此来确定它的功效。对焦过程中，遮光罩应该在任何焦距设定下都能保护镜头免于光线直射。如果光线还是直接照到镜头上的话，要么用一点胶带黏上黑色的纸来延长遮光罩，要么在光源和镜头之间放一块挡光板。不管哪种情况，要确认遮光罩或挡光板没有出现在照片里，或者至少保证放在一个后期制作时能容易去掉的位置。

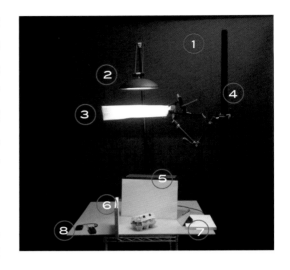

盒子的左侧阴影是由白色小反光板（6）形成的。这种类型的反光板我有一整套，高的、宽的、窄的、小长方形的和正方形的，应有尽有。它们是用压缩木板剩下的边角料做成的，用来照亮静物非常方便，因为它们不用支撑物

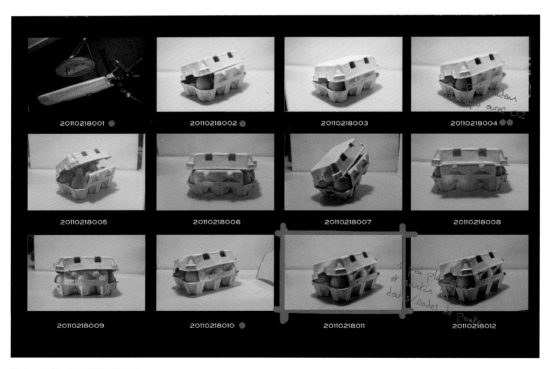

调亮一点点，突出鸡蛋上的编码。

就能立起来，因此可以更容易地处理被摄物体周围的空间。

盒子右边的标记由放在位置（7）的镜子碎片打亮。

相机是被固定在脚架上的，曝光是通过遥控快门实现的，以避免相机晃动。

后期制作

照片只被调整了对比度和灰度。

拍摄方案 80

使用设备

背景	中灰色背景纸（4）
主光	600J 摄影灯配标准雷达罩和遮光板（1）
辅光	600J 摄影灯配窄柔光箱（2）
遮光板、反光板、滤镜等	
机身	尼康 D2Xs
镜头	尼克尔 28mm f/2.8
全画幅 24×36mm	约 42mm（近似值）
感光度	ISO100
快门速度	1/60s
光圈	f/11
特殊说明	将摄影棚的墙涂成黑色（3）以避免反光

当我们追求的是强烈的对比度和完整切割的阴影时，一个简单的光源配标准雷达罩（1）就是一台足以产生灯光的设备。在这种布景中为了得到更硬、更清晰的阴影，只需要用像追光灯或 Gobo 灯这类能够聚焦光线的光源就可以。第二盏聚光灯配柔光箱（2）放在主光后面以形成轻微的阴影，它的功率被限制为低于主光 2 挡光圈值，也就是 f/5.6。

取 景

在这个布景中，中灰色背景纸（4）和摄影棚黑色的墙（3）之间有一卷白色的背景纸，我的构思是利用这一白色区域，在上面投射模

特的影子。模特的位置是经过精心调整的，以使阴影打在特定的位置。只需要改变肩膀的位置，比如从前向后 2 到 3 厘米，就能彻底转换阴影与光线的比例。右肩向前可以扩大亮区并调高背部的面积，去除朝向与脊椎同高的肩胛骨后方的阴影。把右肩后撤则会让后背变为黑色。臀部也一样，它呈现的多少可以通过右臀产生的打在左臀上阴影的多少进行调整。高跟鞋和造型用的腰带让学院派风格消失殆尽，每个人都可以按照自己的知识和想象进行阐释。

后期制作

重新裁剪后，清理画面，尤其是地面上脏

了的环形纸。通过增加阴影中间白色的部分来突显白墙上的阴影。运用滤镜，调整对比度。最后把照片调整为黑灰双色调模式，调暖原来黑色区域的色调。

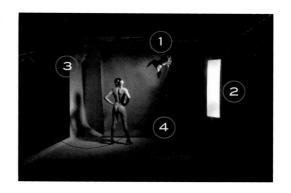

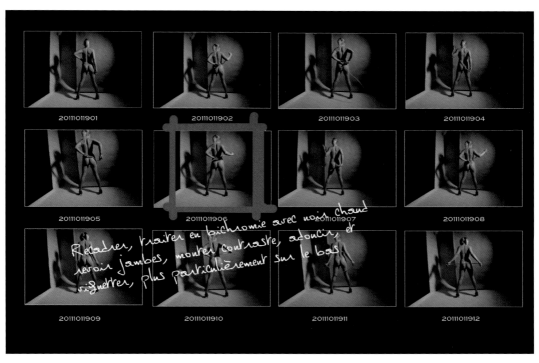

重新裁剪照片，用双色调模式处理成暖色调的黑色；检查腿部，提高对比度；柔化照片并增加晕影效果，特别是在背部。

拍摄方案 81

使用设备

背景	黑色背景纸（3）
主光	1000J Xenolux 摄影灯配无敌霸柔光箱（1）
辅光	1000J Xenolux 摄影灯配标准反光罩和挡光板（2）
遮光板、反光板、滤镜等	
机身	尼康 D2Xs
镜头	尼克尔 105mm *f*/2
全画幅 24×36mm	约 157mm
感光度	ISO100
快门速度	1/60s
光圈	*f*/11

摄影师爱德华·德帕兹（Edouard de' Pazzi）的作品特别能引起我的注意，给他拍肖像照是一项艰难的挑战，因为他是个从眼神里能流露出各种情感和想法的人，这些情感和想法喷涌的速度有点像由彼得·叶茨（Peter Yates）导演、麦昆因（Mcqueen）出演的电影里汽车追逐的速度，当然还是用快进看的。

因此不可能通过相机的取景器观察他。将相机固定在脚架上，用肉眼观察被摄对象的表情，尝试抓拍看起来最自然、真实的微笑瞬间。

尽管我喜欢这个微笑，但我并没有企图捕捉这个眼神。事实上，我唯一确定并且敢保证的是，至少在闪光灯闪烁的那一瞬间，我拍摄的影像最能代表爱德华这个人。

取　景

在阿尔勒和普罗旺斯地区莱博市的欧洲人体摄影节期间，由 MMF-Pro 搭建的这个摄影棚——被完美修复的洞穴式厅堂中间，我只使用了无敌霸套装里的两个光源。

第一个配柔光箱的光源（1）在某个能制造出理想的阴影的角度下充分打亮模特的脸部（在我看来，布光正确无误，因为光源的反光在模特眼睛里处于 10 点到 14 点钟的位置）。

第二个光源配有标准反光罩和挡光板（2），被固定在灯架上，这盏摄影灯是用来打亮黑色背景（3）以制造光线渐弱区域，这个区域中心的光与主光相比要过度曝光 2 挡光圈值。

我们还可以很容易地获得更强烈的对比度，通过在脸部左侧放一块黑色遮光板来去掉这个岩石房间的拱顶和墙壁产生的大量反光。

请注意：同样的效果可以通过功率相对较小的摄影灯获得，即使是 200 焦的摄影灯都已经足够用了。不过我喜欢这么做的时候就不会考虑那么多了！

后期制作

除了重新裁剪和处理为黑白照片外，还要调整衣服的灰度，因为展现衣服的细节很重要，它跟眼神一样没有那么简单。

处理为黑白照片，加强对比度和灰度，加强晕影效果，突出清晰度。

观察、重新裁剪、重新处理、重新评价，以及其他

一张照片有许多版本的情况一点也不少见，只需要多尝试就能拍出这些不同的版本，为此多花些时日会更有利于构想照片究竟该如何拍摄。当然也有例外，第二天也可能什么都没看出来，或者觉得它更差了！

不管怎样，最重要的是原片要拍得好，并且后期要处理好。为了实现这个结果，应该注意尽量拍摄一些曝光完美的图片。如果可以的话，用 Raw 格式拍摄然后另存为 jpg 格式的副本。一旦修改了文件，要存储好没修改的原片，哪怕在你看来拍坏了。因为你的感受会变化，观察别人拍摄的照片后，你很可能会发现经过某种处理后的结果让自己吃惊，有时甚至还会觉得原片比处理过的还要好一点。

另一件重要的事情是：取景构图不要太小，即使最后的成片会损失一些像素。在实际操作中，为了方便后续重新裁剪照片的工序，比如把照片裁剪成竖版，构图上需要留出些余量，要不然就得靠复杂的后期制作来弥补取景时缺失的部分了。

请注意：永远不要忘记如果我们全神贯注地去学习的话，技术只是个我们能很快学到的东西，然而观察、好的拍摄对象的选择、裁剪等则需要你的经验积累，这可不是五六个月就能学会的。

照片只被重新裁剪过，以符合取景时的设计。晕影效果是由黑色背景的过度照明形成的。在取景时，对成片呈现效果的构思很重要，因为照明和裁剪要尽可能合适，以便简化后期制作。

在原始 Raw 文件上裁剪好照片后，处理为黑白照片，然后重新平衡对比度和灰度。再在蒙版上进行模糊处理，并按照不同区域调节灰度，使得模特眼睛和脸部侧面比身体其他部分更清晰。人造颗粒化效果通过"添加噪点"功能来实现，在白平衡中还可加一点红色和黄色。最后调整对比度，因为之前所有的操作已经柔化了照片。

拍摄方案 82

使用设备

背景	室内 / 夜晚，墙壁（3）和菜板（4）	
主光	85W 节能灯（1）	
辅光		
遮光板、反光板、滤镜等	30×40cm 白色反光板（2）	
机身	尼康 D2Xs	
镜头	尼克尔 35—70mm f/2.8　使用焦距：35mm	
全画幅 24×36mm	约 50—105mm　使用焦距：50mm（近似值）	
感光度	ISO100	
快门速度	2s	
光圈	f/11	
特殊说明	相机固定在脚架上	

在室内布景或在摄影棚里布光是一个极其有趣的练习，但有难度。在拍电影时，这个任务是摄影指导完成的，贾可·雷诺阿就是一位高水平的摄影指导，他为本书作序我感到很荣幸。在投身摄影之前，重要的是学会洞察光线，因为在翻看摄影集时最经常出现的错误就是光源过多、太过夸张和布光不合理。

所有的房子和公寓都可以布置出完美的光线。光线一直在变化，拍摄时常以令人惊讶的速度变化，只在深夜有所减缓，这时可以用人造光取代自然光。

我在摄影爱好者的家中组织这些工作坊时，不管拍摄对象是静物、人体还是肖像，我都要去拍摄点看看。在白天，根据太阳的位置预估要参观的房间什么时候光线最好。

通常这样就能找到一些看起来相对完美的地方用以拍摄，并不需要通过任何方式改变已经存在的光线。我们经常会因为忙于在新发现的地方取景拍摄，最后放弃使用预定的摄影棚。在这些新发现的地方拍出的图片质量和光线的细腻程度经常给我们带来惊喜，拍摄地点的住客也因此遇见很多意料之外的布景和新的拍摄计划。

取 景

图例照片中的光线简单得不能再简单了，因为它来自于一只装在脚架上的节能灯，没有任何反光罩或灯罩（1）。

这个光线必然会在它周围的一切物体上产生反射，墙和天花板就是它最明显和最有效的"天然反光板"。要注意，全部的反射光线会随着拍摄物体离光源越远、离墙越近而逐渐散射掉。在这里，因为画面左边的墙（3）离得远，所以一个 30×40 厘米的白色硬纸信封被用作附加反光板（2）来反射光线并形成阴影。

构图随着拍摄而有所变化，通过探索，我们放置了新的物品。要根据"井"字构图法规则来构图，叉子和鸡蛋的位置要放在照片的分界点上。

读一些关于黄金分割构图的作品并不是没有作用的，如果说了解这些规则能让人更好地打破它们，那么在很多情况下正是因为它们的存在照片才会"看着顺眼"，也是因为它们画面才呈现出完美的平衡感。补充一点，为了判断是否平衡，可以正反两面、上下颠倒地观察照片，这个方法比别的方法更能快速在构图中找到可能存在的弱点。

为了实现景深，这里选择了使用光圈值 $f/11$ 来拍摄。交接点在小桌的边缘上，处在想要的清晰度区域前，基本符合"井"字构图法。

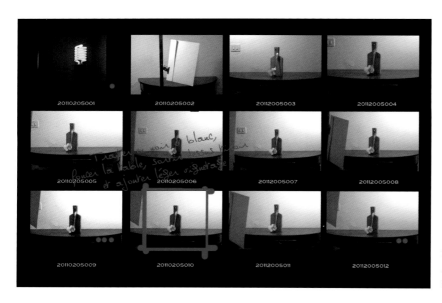

修掉墙上的插座，加深抽屉的灰度，重新处理叉子，适当柔化，最后处理为暖色调的黑白照片。

后期制作

通过把拍摄物放在中间，以及标出一条分开抽屉把手中心和菜板（4）的洞的垂直辅助线，我重新裁剪了照片。然后把小桌的底部变暗，随后调整了菜板的对比度，用菜板的暗面形成阴影。最后，我重调了整体的灰度并使用了轻的微晕影效果。

拍摄方案 83

使用设备

背景	白色卷轴无缝背景纸（3）
主光	750J 爱玲珑摄影灯配柔光箱（1）
辅光	750J 爱玲珑摄影灯配柔光箱（2）
遮光板、反光板、滤镜等	
机身	尼康 D2Xs
镜头	尼克尔 18—35mm *f*/3.5—4.5　使用焦距：35mm
全画幅 24×36mm	约 27—52mm　使用焦距：52mm
感光度	ISO100
快门速度	1/60s
光圈	*f*/11

对于通过调整阴影来制造优雅地笼罩人体的光线的布光方案，使用两个柔光箱和一个浅色或白色背景肯定绰绰有余。一方面，通过增加或减少阴影来控制光线量；另一方面，阴影能够遮住我们认为不应该展示的身体部分。

实际上，通过很小的改变，比如盆骨的轻微转动，如稍微下垂或偏向侧面的聚光灯，就能让一张照片从学院派风格的无性别人体照变成敏感的色情照。如果我们坚持这么做的话，非常容易陷入庸俗和缺乏品味（甚至低俗品味）的境地。

关于色情的论述很复杂，因为每个人的界限不同。但如果在照片中不是展示或强调客观现实，而是让人产生幻想，我们可以认为这是色情照。通过暗示的方式而不是直接在照片中展示，可以让观者脑补出被遮住的身体部分，然后把它想象成与自己头脑中想象一致的样子。

当然，你也可以把一切都展示和暗示出来，但得成为米开朗基罗（Michelangelo）才能成功地脱离任何庸俗感，并且在梵蒂冈巨大的西斯廷教堂顶上画出坐姿暧昧的夏娃，她的脸挨着亚当的生殖器，而在一些被禁的作品中，以及看到《逐出伊甸园》这幅画时，我们会发现情况就不是这样了。

真不容易！

要想像米开朗基罗那么伟大，不但要研究壁画的复杂构图，呈现画里的符号和具有象征意义的长在无花果树上的苹果，我们还得期望能有个天花板来布置。剩下的就是研究身体在摄影棚灯光下的站位了,这可以作为准备工作。

　　两张阐释了这些说法的照片是用同一个灯光拍摄的,只是身体与两个光源的位置发生了变化才造成了两张照片的不同,其中一张比另一张更倾向于隐秘的色情照。

取　景

　　主光是用左边的柔光箱 soft-box(1)打出来的,我这里用英文名字是为了避免重复,但你应该明白法语的"boiteà lumière"和英语的"soft-box"没有任何区别。通过用这个塑形灯来打亮模特上半身。放在我们右边的第二盏

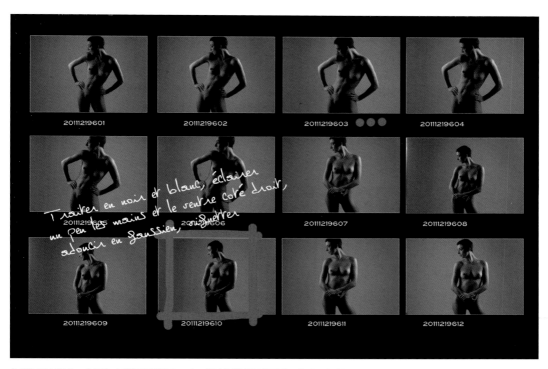

处理为黑白照片,将手和右侧的肚子调亮一点;用高斯模糊滤镜柔化,加入晕影效果。

塑形灯（2）的作用就是勾勒出模特的上半身并打亮和加强胸部，没有它的话胸部轮廓就不能清楚地显现了。

白色卷轴背景纸（3）呈现为灰色背景，尽管它不是被直接打亮的，但也被打亮模特的灯光照到了。我们可以通过调整柔光箱朝向正面的角度来改变这种灰色的深浅。这不会对身体部分照明的清晰度产生影响。

摄影灯被调节为适合光圈值为 $f/11$ 的光。

后期制作

这两张照片几乎没有修改，对比度和灰度差不多和原片一样。只有在皮肤上做了一个小修改，接种疫苗的疤痕跟会吸引目光的最不起眼的皮肤瑕疵一样被修掉了。第二张照片上，在肩膀陷入阴影的地方，通过轻微提高对比度突显出了下巴。

两张照片都用高斯模糊滤镜按区域柔化，并根据想要的模糊度调整灰度。

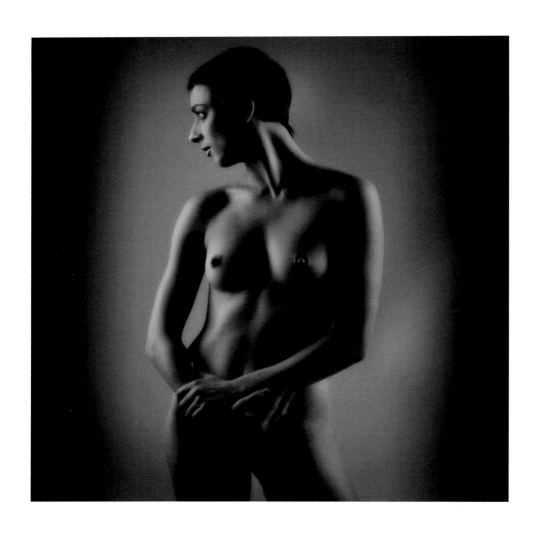

拍摄方案 84

使用设备

背景	50×100cm 塑料反光板（2）
主光	两盏 1000W 电影灯（1）
辅光	
遮光板、反光板、滤镜等	
机身	尼康 D2Xs
镜头	尼克尔 50mm *f*/1.4
全画幅 24×36mm	约 75mm
感光度	ISO100
快门速度	1/15s
光圈	*f*/8

那些第一次来摄影棚的人经常会被我放在搁板或桌角风干的这些水果和蔬菜所吸引，在等待着被我定时拍摄或拍摄变化全程的过程中，这些水果和蔬菜渐渐变得干瘪。朝鲜蓟、柠檬和石榴在我的最喜爱拍摄名单中争夺着第二名的位置。第一名当然是苹果，它的颜色会根据品种而变化。特别是放了很久的苹果，不管它是什么颜色，也不管它是整个的还是被切开的，它的褶皱总让我想到巴基斯坦山区居民的面孔，他们住在通向南迦帕尔巴特峰（Nanga Parbat）的 15 号公路沿线。不用跑到喜马拉雅山脚下那么远，我们在法国的克利希（Clichy-la-Garenne）、拉伊莱罗斯（L'Haye-les-Roses）、孔弗朗（Conflans）和库尔布瓦（Courbevoie）这些城市就能遇到同样的眼神，找到同样温柔的微笑！但是，跟很多人一样，对于我见得不多的，我能洞察得更清楚。

如果你对静物也有这样的兴趣，包括过度成熟或晒干的水果，我建议你看一眼托尼·卡塔尼拍的照片，他是西班牙摄影师，他的敏感、对拍摄对象的选择和天赋让我有时会想到罗伯特·梅普尔索普。

拍摄图例照片时，我用了自己经常用于拍广告的电影灯里的一盏，因为这些电影灯能简单、有效地提供安全的大功率照明。如果在网上或旧货市场买二手灯的话，价格经常低得离谱。这些电影灯多数有风冷装置，这里用的是有两只 1000 瓦的灯泡，可以分别调整为全功率或半功率，如此可以实现 500 瓦到 2000 瓦之间不同挡位的切换。如果好几个光源组合使用的话，这个功率调节功能加上电影灯与拍摄对象的距离调节一起使用，可以精细地调整光线的强度。这些业余电影人专用的电影灯如果是全新的话会很贵，但它们现在几乎已经不再被使用了，有很多原因。一方面，它们得连接电源线使用，所以最好是在室内使用；另一方面，新电影拍摄设备的取景传感器非常敏感，需要的光线要少得多。这推动了使用高性能电池的照明设备，并取代了这个设备。这种演变给摄影师带来了福音，因为这使得二手市场上出现了这些可以有效配置在"持续光"摄影棚里的聚光灯，不管是专门拍静物照还是在一些限制下拍放大的或半身的肖像照，这种灯都很好用。至于彩色照片，除非是用 Raw 格式拍摄，

否则应该检查和调整白平衡。根据灯的类型，这个照明的色温最初为 3200 开或 3400 开，但它会随着灯泡或灯管的老化而发生改变。

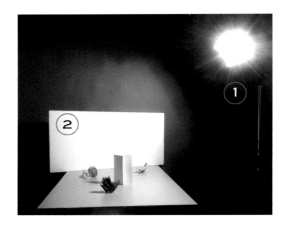

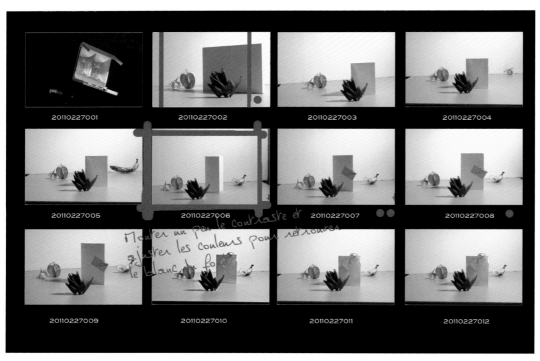

稍微提高对比度，调整颜色来找回背景的白色。

316

取　景

　　没有使用很多设备，因为只有一个光源打亮物体——两只灯泡的电影灯和一块迷你反光板。电影灯（1）的功率被限制在 1000 瓦（每只灯泡 500 瓦），照亮物品底座并柔化阴影。反光板（2）除了作为背景外，也通过降低对比度加入了照明。

后期制作

　　这类照片在取景时可以很容易地控制所有元素，所以不需要调整对比度和灰度。而背景的线条被调整为向内弯曲，这并不是技术上的必须要求，只是出于个人喜好，或者说是为了去掉整体呈现出的生硬感。

拍摄方案 85

使用设备

背景	黑色背景纸（4）
主光	800J 无敌霸摄影灯，银色反光伞（1）
辅光	800J 无敌霸摄影灯，银色反光罩，挡光板（2）
遮光板、反光板、滤镜等	50×100cm 黑色塑料板（3）
机身	尼康 D2Xs
镜头	尼克尔 80—200mm $f/2.8$　使用焦距：80mm
全画幅 24×36mm	约 120—300mm　使用焦距：120mm（近似值）
感光度	ISO100
快门速度	1/60s
光圈	$f/11$

　　怎么处理眼镜的反光呢？这个问题在肖像照工作坊被反复提出，它直截了当地表现了很多摄影师对这些装饰物的忧虑。有些人采用简单、粗暴的方法，在取景时让佩戴者摘掉眼镜。

　　这个解决方法的确太武断了，在我看来这是我们能选择的最差的方法，第一个就是如今眼镜常被做得很漂亮，就像珠宝匠打磨过的宝石一样，不过考虑到它们的价钱也不是完全没有道理的；第二是因为眼镜反映了佩戴者的品位和性格；第三个最重要的原因是戴眼镜的人摘掉眼镜后，他的眼神会完全改变，而这种改变很少会让他的眼神更好看；第四，由于习惯了架在鼻子上的眼镜，模特鼻子上会留下两个难以去除的眼镜架的印记，模特很可能会辨认

不出你给他拍的照片，会对照片感到失望并因此导致他对你拍肖像照的能力产生怀疑。

　　这些论述没有回答提出的问题？

　　我承认确实没回答，所以回到如何避免眼镜片的反光的问题上来，实际上，你只需要一个或几个光源形成至少45°角即可大功告成，就是这样。如果你的模特在取景时戴着设计师设计的，或者类似科幻片里的那种圆形有机镜片笼罩住头并遮住了从鼻子到耳朵的部分，那我就只能同情你了，因为你拍的就属于规则里的例外了。为了挽回局面，尝试用别出心裁的方式以尽可能贵的价格卖出一张被我称之为"不是肖像照的肖像照"，你能在某一页跑题的图例中找到这样的例子。

取 景

摄影灯配反光伞（1）在 20 世纪 60 年代的时尚摄影中非常流行，对寻求柔和、易用的光线的人而言，它是一盏完美的塑形灯。我们只需要把它放得足够高，然后把伞柄朝向我们想要优先突出的区域。在图例照片里，它被放置在不会在眼镜上产生反光的位置。用镜后测光对这个点进行测试，检查穿过镜头呈现在取景器上的光线。在这个照明中，多余光线的反射是很多的，对比度也足够。需要时，我们可以通过放置一块黑色遮光板来加强它，比如一个大体积的塑料板，放在光源的相反面。我们注意到位置（3）上有一个这样的小遮光板来限制有挡光板的灯所产生的不可避免的反光。

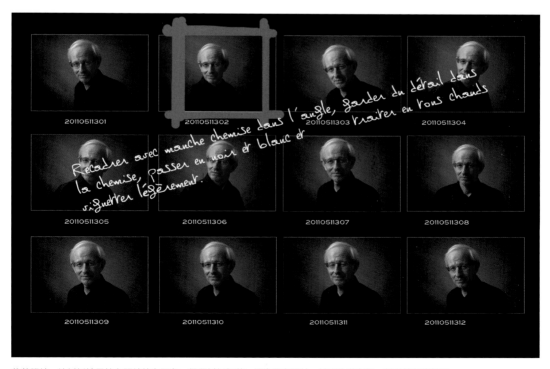

20110511301 20110511302 20110511303 20110511304
20110511305 20110511306 20110511307 20110511308
20110511309 20110511310 20110511311 20110511312

裁剪照片，让衬衫袖子处在照片的左下角，保留衬衫细节；调为黑白照片，处理为暖色调；轻微的晕影效果。

后期制作

调节对比度和灰度，衬衫的褶皱被轻微提亮。用高斯模糊滤镜按不同区域柔化照片。不需要在没有反光的眼睛上进行操作，也不要用柔化滤镜处理，眼睛和白头发的发绺也不需要。

拍摄方案 86

使用设备

背景	黑色背景纸（1）——黑色文件夹盒子（3）和（3a）
主光	2000W 风冷电影灯（2）
辅光	
遮光板、反光板、滤镜等	两面镜子（4）和（4a）
机身	尼康 D2Xs
镜头	尼克尔微距 60mm ƒ/2.8
全画幅 24×36mm	约 90mm
感光度	ISO100
快门速度	1/30s
光圈	ƒ/8

为了在摄影棚拍照而使用一个昂贵的设备并不是必需的，当使用脚架并且对曝光时间没有苛刻要求时，就可以使用一些所有人都能用的方法。这里的主光是一盏电影灯，自从数码相机和充电照明彻底改变了"第七艺术"的技术被使用以来，电影灯就不流行了。随着新近的摄影师们配备的独立设备，这些电影灯被丢在二手网站和旧货市场甩卖，这些高质量的设备如今只值几欧元，价格还不到全新的 1/10。留意它们装的灯泡，因为灯泡总是贵得离谱。

取 景

主光是由电影灯（2）发出的，只用了两只灯泡中的一只。配合光线，还使用了两面镜子，就是我们可以在家居店找到的用来做装饰的镜子。第一面（4）在黑色背景上制造出一个明亮的区域，使得文件夹盒子的侧边显现在背景上；第二面镜子（4a）通过它反射的光线勾勒出位于南瓜后面倾斜的亮区。这两面镜子的左侧不用再布置其他光源，因为对比度已经达到想要的数值，从房间的天花板和左墙壁反射的光线形成的区域阴影已经足够多了。

后期制作

我做了两个处理。第一个处理，我保留了照片的颜色，但限制了我对重新对齐、整体灰度和对比度调整的操作。第二个处理，我重新裁剪了照片，让它更接近正方形，然后用滤镜柔化，滤镜则是一个做了高斯模糊的图层。图层很有用，因为这样就可以改变灰度，但只有在结果满意后才合并图层。然后我修改了对比度，并通过将照片饱和度调至最低以获得一张黑白照片。照片未调整色彩饱和度，始终为RGB颜色模式，所以我通过提高红色和黄色数值，利用调整白平衡做成了一个染色效果。

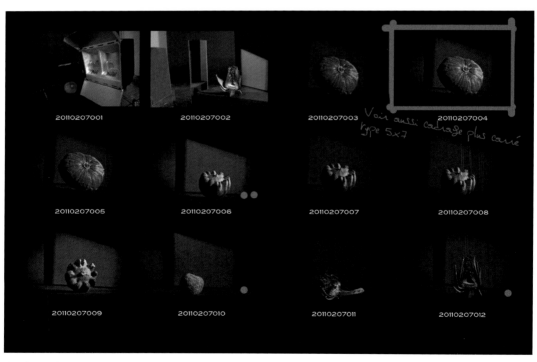

也考虑一下裁剪为比现有尺寸更趋近于正方形的 5×7 英寸形式。

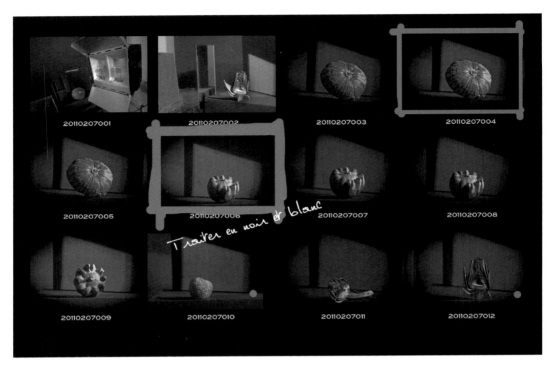

20110207001 20110207002 20110207003 20110207004

20110207005 20110207006 20110207007 20110207008

Traiter en noir et blanc

20110207009 20110207010 20110207011 20110207012

处理为黑白照片。

在照片上做水印

在一张照片上，一旦出现一个不完全是构图的因素，比如放在桌上的一张玛丽莲·梦露的照片上有一只苍蝇或一块咖啡污渍，观者眼睛会立刻被这个不正常因素所吸引，于是你精心计算的构图或取景就丧失了全部的含义。实际上，按照自然的阅读方向是从上到下、从左到右（欧洲人是这样的）的，眼睛通常从左上角开始看却不会按照你放置的顺序看到这些要素。除非上述的苍蝇正好停在照片的左上方，或者恰好在咖啡污渍上。

请注意：这个习惯性的阅读方向不是浏览照片的唯一方向，但这一页所讲的目的不是研究各式各样的左右构图的阅读方向的规则，我有一本专门讲这个问题的书，但我不推荐看，因为大师们的作品展示的图例看起来像是挑竹签的游戏，每一块都互相交叉着指向各个方向。

加水印通常是出于版权保护的目的，同时也可以帮助大家在发现盗图行为时通知作者。我不认为这个手法能阻挠盗图者放弃本来要据为己有的盗来的照片。只要掌握基本的照片处理软件的使用技巧，几秒钟就能把防盗标志或广告信息擦掉。

很恼火，不是吗？就像我总说的那样，没有什么有效的替代方法，如果你不想冒着照片在网上被盗的风险，唯一有用的解决方法就是不要把照片放在网上。万不得已，如果你在网上发表照片，系统化地用你的名字为它们命名，比如这个模板——jeanturco001.jpg。

如果这张照片被传到不知名的网上并且没有改名字，那么只要你用自己的名字搜索，谷歌图片（Google Images）就能定位它，并且给出它所在的网站地址。

简单而有效！

而且用谷歌图片，你不仅可以用自己的名字搜索，还可以用你的照片的特征来搜索。

你试试，可能会惊奇地发现你的某一张肖像照出现在脸书（Facebook）的头像上或摄影师的画廊里，而他们自称是照片的创作者。

你要么就只把照片放在搜索空间里，要么把它存在硬盘里来浏览它的内容。

然后，谷歌会搜索并列出找到的有你完整文件或相似文件的网站，除了你自己放在网上的照片外，还可以认出并发现一些为了掩藏出处被稍微裁剪或修改的照片，或是一些有相似特征的照片可以让你看看别人是怎么跟你拍得一样的。

多么神奇啊！

要感谢谁？感谢谷歌。

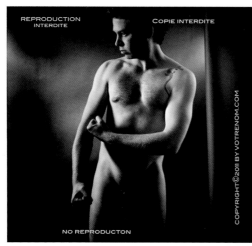

RECADRAGE - 3 SECONDES

OUTIL PIÈCE - 7 SECONDES

OUTIL TAMPON - 6 SECONDES

拍摄方案 87

使用设备

背景	黑色背景纸（4）
主光	800J Profilux 摄影灯配窄柔光箱（1）
辅光	800J Profilux 摄影灯配柔光箱（2） 800J 摄影灯配银色反光罩及挡光板（3）
遮光板、反光板、滤镜等	
机身	尼康 D2X
镜头	尼克尔 50mm $f/1.4$
全画幅 24×36mm	约 75mm（近似值）
感光度	ISO100
快门速度	1/60s
光圈	$f/11$

如果设备制造商造了有三盏灯的套装，那并非偶然。因为当我们去一个即将被安排成取景摄影棚的地方时，这个数量能应对很多情况。几十年来，我吃力地拖着装着我的无敌霸套装的箱子（这个牌子是这方面的标杆）。它经历了无数次的布光，状态还是很好！当我从塞尔日·雅克（Serge Jacques）那把它们作为二手货买来的时候，它们被尝试用于人体照明。摄影师塞尔日·雅克出版了《巴黎好莱坞》（Paris Hollywood）一书，在我遇见他的时候，他有 4 万张用柯达 Ektachrome 胶卷拍摄的女性照片，导致我记得更多的是她们的造型而不是我们的交谈内容。倒不是说我们的交谈有什么问题，而是因为这些照片很少会出现在文艺杂志上。

取 景

所以，这里用的是无敌霸套装里的三盏 800 焦 Profilux 摄影灯。照片左边的摄影灯（1）是主光，根据它来调整其他光。它打出光圈值为 $f/11$ 的光，并且侧放在模特身前差不多 50 厘米的位置。第二盏摄影灯（2）也是侧放的，不过是放在模特身后 1 米处，它也被调节为适合光圈值为 $f/11$ 的光。最后一盏摄影灯（3）配有银色反光罩，放在模特身后，打出适合光圈值为 $f/11$ 的光，用以打亮背景（4）。

后期制作

　　重新裁剪好照片后，清理了皮肤上的小瑕疵。然后运用了能够轻微柔化照片效果的滤镜。照片被调为黑白色，然后在调回 RGB 模式前用双色调模式调暖图片色调，以保证照片被送至冲印室打印室时的效果。由于滤镜和双色调模式改变了对比度和灰度，最后重新调整对比度和灰度。

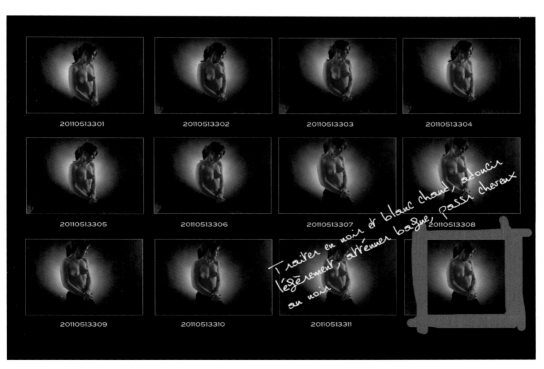

处理为暖色调的黑白照片，轻微柔化，调弱戒指的亮度，把头发调成黑色。

拍摄方案 88

使用设备

背景	光面墙
主光	蜡烛（1）
辅光	居室的自然反光
遮光板、反光板、滤镜等	食品用锡箔纸（2）
机身	尼康 D2Xs
镜头	尼克尔 50mm f/1.2
全画幅 24×36mm	约 75mm
感光度	ISO100
快门速度	8s
光圈	f/8
特殊说明	将相机固定在脚架上拍摄并将蜡烛放在自制的支架上（3）

在我看来，用烛光拍照相当没意思，而且看起来更像是对技术的探索而不是摄影。我确实说的是探索而不是了不起的壮举或精湛的技艺，因为从拍摄对象不动或保持不动几十秒钟开始——这是曝光通常所需要的时间——就没有什么是真正的挑战了。

不过，哪怕是出于单纯的好奇，还是应该了解这个技术和它的局限的。如果我们想用这个方式拍摄一些有人物的场景，可以避免失望。这些场景有点像乔治·德·拉·图尔（Georges de La Tour）或杰拉德·范·昂瑟斯特（Gerrit van Honthorst）的完美绘画风格，后者被称作"夜晚（或夜景）的杰拉德"（Gherardo delle

Notti）不是没有原因的。

在我们计划用一根蜡烛作为光源拍摄照片时，经常犯的错误就是把这根蜡烛看作是范·昂瑟斯特的《基督的童年》（L'enfance du Christ）里的那样。然而，一根蜡烛只会打出更完美的光线和对比度，像是德·拉·图尔在《牧羊人的崇拜》（L'adoration des Berg-ers）中描绘的那样。我这里就是要用这两幅画做对比，不谈他们其他的代表作。

事实上，范·昂瑟斯特的画布将近两米宽，运气好的人可以去圣彼得堡的艾尔米塔什博物馆欣赏它，画家摆脱了平方反比定律的限制，用考虑到我们的视觉的方式作画。（没有什么

能预测一个被蜡烛光加强的环境光）

然而，如果说当眼睛掠过从很浅到很深的场景时，视觉能即刻适应并补偿损失的光线，传感器或胶片，哪怕是高动态范围成像（或HDR、高保真），都还不能在曝光时修掉如此强度的差别。说还不能，是因为一切发展得太快了，我今天看到说我们理论上甚至可以很快实现这一点，并且一旦照片存好了就可以随意改变。

暂时来看，曝光有点复杂，放宽心！在为了得到光线而摆好蜡烛后，让光亮加倍以突出阴影。不要只依赖 Raw 格式，因为它不能把你从失误的操作中解救出来，最好相信自己。

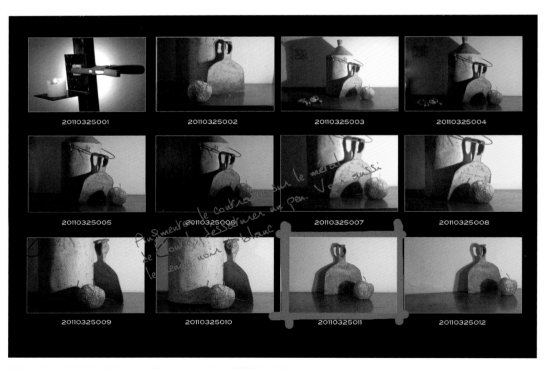

提高工具上金属部分的对比度，降低饱和度。查看一下照片的黑白效果。

取 景

蜡烛（1）被放在相对低的位置来显现苹果打在工具上的阴影，它的样貌是随处可见的那种（不过有点太大了，因为它的身体"吃掉了"一部分直接光）。最开始的构图显得太不平衡，铁制水罐太高，所以被去掉了。一个由简单的食品用锡箔纸（2）组成的反光板被放在下面用来反射一部分光线到苹果的侧面，而不使其在工具上形成阴影。记住结合使用脚架和自制支撑物（3）来布置蜡烛，这既简单又安全。

相机一定是固定在脚架上的，用的是光圈 f/8 A 挡光圈优先模式，这个构图的曝光需要 8 秒。光圈的变化会大幅增加曝光时间，因为每一挡光圈的变化都会加倍或减半曝光时间。2 挡光圈的变化就会从 8 秒变成 32 秒。如果我们用传统银盐胶片拍摄，那就还得考虑倒易律，也称施瓦西定律，它会增加相同的曝光时间。

后期制作

重新裁剪后，再次调整照片的颜色。借助左边墙的部分来精修右边过度曝光的墙面。提高对比度，调整灰度。

拍摄方案 89

使用设备

背景	黑色纸背景（3）
主光	750J 摄影灯配柔光箱（1）
辅光	750J 摄影灯配柔光箱（2）
遮光板、反光板、滤镜等	
机身	尼康 D2Xs
镜头	尼克尔 35—70mm *f*/2.8　使用焦距：50mm
全画幅 24×36mm	大约 50—105mm　使用焦距：75mm（近似值）
感光度	ISO100
快门速度	1/60s
光圈	*f*/11
观察	雷达罩（4）不参与照明

低调摄影？不，我只是在曝光上"放了水"！

数码相机和即时调整取景结果在避免拍出曝光不足的照片上贡献很大，这些照片是我们想通过高深的艺术演说掩饰并回收的照片，它的英文名称（low key）及对其含义的不了解，使得一张拍坏了的照片通过极致的超级概念包装而变得有价值。不得不承认，这样的演说能力事实上不仅限于此，甚至能在一些标榜现代或当代艺术的沙龙上大获成功。

被称为低调的照片应该是暗调在构图和照片效果中起决定作用的一类照片。它们通常是一种类似明暗对比的照明技术的成果和显示。所以这两种技术拍出来的照片差别很小，往往被简化解释成对比度的不同。重要的是永远不要忘记低调是一种照明技术的探索，而不是一张我们尝试修复的曝光不完美的照片。为了运用这种方式，需要在取景时限定我们想要突出的区域或线条。然后就只剩下照亮它们，用精确的数值曝光，其精确程度既不要"差不多"，也不要全凭偶然。

取　景

制造这个光线用了两处光源，都放在模特身后，以大约 45°角朝向模特。这个照明的位置可以勾勒出模特的轮廓，但不会全部照亮她。与突出明暗对比的照片不同，这种布光方案中的其中一个光源放在侧边，要么放在与模特身体同高的高度，要么向前一些。以手臂上形成的阴影为例，我们注意到它的面积很大，并且可能会占满整个手臂。如果我们以同样比例来增加亮区，只需要让模特后退而不用调整布光。同样的原理，如果想要再缩小亮区，就让模特朝我们的方向前进，依旧不用调整布光。确定好模特的位置和灯的位置后，需要平衡灯的功率。为此，除了闪光指数测定器，没有什么别的解决方法了，哪怕是最基本款也没有问题，因为这里我们追求的不是曝光的精确度，而是两个光源强度的对比。不过它也有可以替代的方法，因为我们可以利用拍摄对象产生的阴影，通过对比光的强度来调整光线，就像我们拍摄一幅画时用笔型摄影灯来打亮画作一样。为了阐释这段论述，我调乱了摄影灯（2）的光强度的数值，与适合光圈值为 f/11

的柔光箱（1）相比，它打出的是适合光圈值为 f/5.6 的光。我们随之会注意到模特在地面上的阴影，这毫不含糊地显示出照明强度的区别来了。

请注意：这个调控通过造型灯实现，使用的是闪光灯，并且要将其调至"均衡"模式。

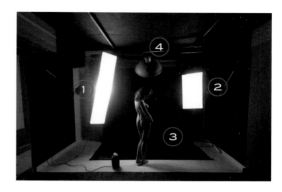

注意模特脸部的亮度，提高对比度；调成黑白照片，加上晕影效果，显现出脸颊上的发缕。

后期制作

这张照片没有太多要修改的，不过我还是重新处理了脸部的亮区和上背部。在这个区域，这种不太讨喜的布光形式会突显出皮肤最微小的不平整之处。背景上制造了光线的晕影效果，而晕影开口暗示着眼神的朝向。最后，像之前的每次一样，在调整对比度和灰度前柔化照片。

拍摄方案 90

使用设备

背景	弄脏的白纸（1）
主光	250W 家用白炽灯（2）
辅光	
遮光板、反光板、滤镜等	木头底座（3），旧镜子，有损坏的反光锡汞涂层（5）
机身	尼康 D2Xs
镜头	尼克尔 50mm f/1.8
全画幅24×36mm	大约 75mm
感光度	ISO100
快门速度	1/15s
光圈	f/11
特殊说明	星条旗（4）

图例照片使用的唯一光源是一盏 250 瓦的普通白炽灯（2），这盏灯的优点是能够在较低的位置使用，并且可以把反光罩朝向拍摄物体。这种家用白炽灯的顶部是圆形的，但对反光罩没有影响。注意，重要的是不要尝试提高这些白炽灯的功率。实际上，如果尝试在这些灯上装 1000 瓦的灯泡，灯泡的形状跟 250 瓦的一样并且也能装上，但很可能会因过热引起短路。而且提高功率没有什么意义，因为我们使用了脚架，曝光时间可以很长而不会造成任何问题。

星条旗（4）被用来制造一些不明显的彩色反光，也可以用米字旗替代，它的反光在一个我也不知道是什么的东西上……土豆泥机还是牛肉馅机？有些人觉得它有寓意，有些人觉得这就是个简单的彩色斑点，有些人还认为这是张毫无意义的照片。创作一些让每个人都能根据自己的文化、心情和幽默感来解读的照片是一个一直以来给我带来真正快乐的游戏。尤其是我喜欢饶有兴趣地听一些被认为是严肃的照片的解读，研究它的人跟我面无表情地说，这个构图肯定反映了我潜意识里埋藏最深的童年的忧虑。

取 景

这个"东西"，当我在 Emmausà Bougival 商店里发现它的时候，除了它的形状外，它表面的光滑、擦痕和孔洞的三种处理吸引了我。这是我想要强调的点。

拍摄时只使用了一个光源，白炽灯直接放在支撑拍摄平面的桌子上，背景是用白纸（1）做的这是一张质量上乘的纯棉纸，脏脏的，是在一个雕刻工作台上找到的，当厚底座使用，我已经在那里找到好几样静物了。这里我用的是：

一面镜子（5），放置在能打亮面向我们的带孔的那一面。

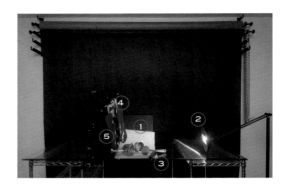

一个木头底座（3），当遮光板使用，放在桌子上，唯一的目的是在水平网格上制造一个阴影，因为没有这个阴影的话，网格的右下角就会显得太亮了。

星条旗（4）只是用来制造彩色倒影，而且也只有倒影会进入照片里。

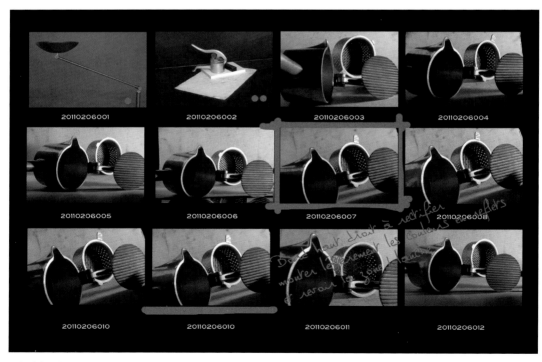

要修改右上角，轻微提高反光的对比度，重调白色区域。

后期制作

按照不同区域对边框进行了一些修改，对比度和灰度也一样。彩色反光被重新处理，变得更明显、更容易被注意到。如果我们用"井"字构图法来衡量这里的构图模式，尽管它们的顶端差不多位于"井"字构图法的第一个1/3处，但它们从左边偏离了画面，还会吸引部分目光。

拍摄方案 91

使用设备

背景	白色卷轴无缝背景纸（5）
主光	摄影灯配直径 75cm 的雷达罩（1）
辅光	摄影灯配斜口反光罩（2）和（3），打亮背景
遮光板、反光板、滤镜等	可折叠银色屏幕（4）
机身	尼康 D2Xs
镜头	尼克尔 55mm *f*/1.2
全画幅 24×36mm	大约 82mm（近似值）
感光度	ISO100
快门速度	1/125s
光圈	*f*/11
观察	大功率电风扇放在临时支撑物上避免坠落（6）

彩色照片不是我的菜这一点是很明确的，当我专心分析《时尚》（*Vogue*）、《时尚芭莎》（*Harper's Bazaar*）、《世界时装之苑》（*ELLE*）和很多其他很棒的能在报刊亭买到的时尚杂志以理解彩色照片的拍摄时，我惊叹于这些美丽照片的数量和质量，它们注重突出人的脸部，借此引发我们的幻想。从生态学角度看，不化妆的美才是真正的美这个说法可能说得通，但对我而言很难承认这个理论。实际上，我作为有 200 多名模特的艺术家协会的会长，有幸确认了我们在美的程度上是不同的，使用正确的产品来让美达到最佳状态真的是个加分选项，想要否认这样的美是愚蠢的。至于时尚杂志，永远都不要犹豫花上几欧元买上几本，因为它们可能隐藏了许多给你带来拍摄高质量照片的灵感。至于姿势和光线，只需要一点实践就可以掌握。当你找到一些旧杂志时，还要去看欧文·佩恩、理查德·阿维顿、让-鲁普·西夫、赫尔穆特·牛顿及其他人是怎么处理时尚照和肖像照的。不要犹豫地复制或者向这些大师致敬，他们让摄影为人所爱，并且激发了现在很多摄影师从事摄影的热情。

取 景

白色卷轴无缝背景纸（5）是图例照片的背景。它被两个专用的配反光罩的摄影灯（2）和（3）打亮。这些斜口的反光罩可以以非常小的角度打亮背景而不会反射光线到模特身上。我们发现在照片上被这个光线笼罩的区域比模特的曝光度高 2 挡光圈值（f/22），模特是被雷达罩打亮的，光圈值为 f/11。这里的雷达罩（1）直径 75 厘米，配合一盏能打出相对硬的光线的塑形灯（与反光伞或柔光箱效果相反）来使用，当它被放在相机轴线上方一点点的时候，它能打亮物体而不产生阴影。为了降低没被打亮的区域，也就是脖子区域的对比度，将一块银色反光板（4）放在模特前面，用来反射配有雷达罩的摄影灯发出的光线。要注意确保这个反光不会制造向上的阴影，并通过改变"反光板与阴影区"的距离来调整反射光线的功率。至于电风扇，它的使用只跟喜好有关，没有什么特别的原因。记住，如果我们用电子闪光灯，那么相机的快门速度就无关紧要了，

因为是由闪光的时长来调节曝光的，不过快门速度在固定头发飘动的瞬间时是相当重要的。根据摄影灯、电源、单筒摄影灯、选择的功率等，闪光的时长可以从 1/800 秒、2/1000 秒到 3/1000 秒。最重要的是调整相机的快门速度为一个可以正确自行同步的值（1/60 秒是机身上标记的速度，但我们不知道可同步的快门速度是多少）。

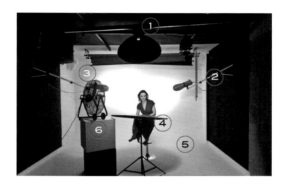

处理为彩色照片，柔化，将照片边缘调成灰色，形成画框一般的效果。

后期制作

重新裁剪照片后，清理画面，修改对比度。然后重新处理色彩以得到取景时构想的效果，眼睛和嘴唇的颜色饱和度被调高，牙齿一般是藏在阴影里的，这里也被轻微打亮并调白。这些修改完成后，柔化滤镜被运用到整张照片上。最后，白色背景被调高了对比度，以使其与白色边框区分开。

处理极端的对比度

极端对比度的问题可以用不同的方式来处理，如今，许多设备和软件建议用一些能自动运行的系统，得说这真是个幸福的事。

这里展示的技巧既简单又有效，有些照片因为对比度太强而无法被传感器正确记录，我的这个技巧就是为了解决这个问题，简单而有效。根据使用的软件不同，有许多可以得到同样结果的方法。所有的方法都是有效的，重要的是了解其中一种并知道怎么使用它。我所用的方法其优点是使用起来非常简单，能完美实现想要的效果。

第一步是拍两张底片，优先拍包含我们想要使用的区域的照片。如此一来，可以得到两张照片，第一张（1）是背景的照片，第二张（2）是灯管细节的照片。照片 1 作为基础，我把它用照片 2 盖起来。在我用的软件里，照片 2 成了图层蒙版，可以调整光强度以及用画刷（3）去掉所有我们不想修改的区域。最后这张照片（4）几分钟就被做出来了，符合我想要的样子，也就是说用了第一张照片（1）的灰度和第二张照片（2）的灯管细节。

数码设备的发展趋势是制造能够记录在灰度和多种系统或技术上有巨大差距的图像的传感器。比如 HDR（高保真），解决了由于高对比度而产生的大部分问题。另外，这个自动技术被专门研究用于标准照片。虽然这个技术为标准照片提供了高质量的结果，但这个系统并不能解决所有的问题并满足所有的拍摄要求。

许多作品阐述了数码技术的处理问题，清楚地解释了图片处理软件的可能性。大部分软件效果出色，想用哪个是个人的选择，重要的是了解并彻底掌握我们所拥有的"工具"。

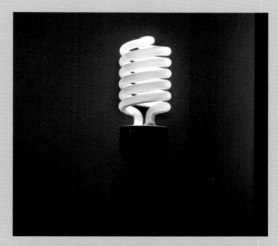

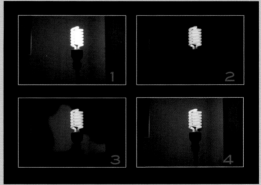

拍摄方案 92

使用设备

背景	把旧木板锯成四块横着拼在一起（2）
主光	1000W 电影灯（1）
辅光	
遮光板、反光板、滤镜等	
机身	尼康 D2Xs
镜头	尼克尔 35—70mm $f/2.8$　使用焦距：50mm
全画幅 24×36mm	大约 50—105mm　使用焦距：75mm（近似值）
感光度	ISO100
快门速度	1/60s
光圈	$f/8$

很难使用更少的设备了，这里唯一的技术就是调整光线的高度和它照亮拍摄物体的角度，让拍摄物体显出一定的透明度，因为只有借助它才能在没有直接被光线照亮的区域中看出细节。

在这种类型的光线（1）下，我们会注意到反光是由相邻的物体反射的，比如水果后面木头（2）上的光线数量。就像从右数第二个水果的光线，它没有被打亮成透明的，而是被第三个橘子的皮产生的反光打亮的。由物体产生的与物体颜色相同的反光有时会让人很不舒服，不过在这里，这个颜色加强了水果的颜色，而且十分协调。

取 景

所有参与布景的因素都要以正确的打亮方式来布置，这类构图没有什么特别的难点，我们可以很容易地调整光线的垂直角度：角度要接近眼睛习惯的角度，并且用差不多45°的角度制造自然的阴影。想调节出突出背景结构的水平角度也很容易，通过观察制造出的阴影并保持在正常状态即可。

总的来说，如果观察者没注意到光线是被修改过的，那就是好的光线。

后期制作

　　除了重新裁剪符合放置被摄物品时内心构思的尺寸外，几乎就没有别的操作了。只需要修改右数第4只橙子的色彩浓度，因为它直接暴露在光线下，所以有点过度曝光。

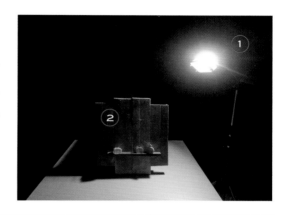

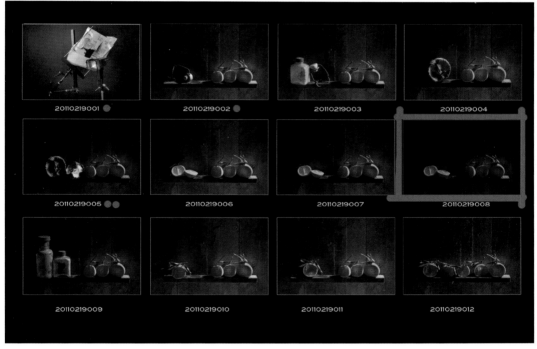

20110219001 ●
20110219002 ●
20110219003
20110219004
20110219005 ●●
20110219006
20110219007
20110219008
20110219009
20110219010
20110219011
20110219012

拍摄方案 93

使用设备

背景	室内
主光	自然光，阳光暗淡，从右边打亮被摄物体（1）
辅光	
遮光板、反光板、滤镜等	白色反光板（2）
机身	尼康 D2Xs
镜头	尼克尔 35—70mm f/2.8　使用焦距：50mm
全画幅24×36mm	大约 50—105mm　使用焦距：75mm（近似值）
感光度	ISO100
快门速度	1/30s
光圈	f/11

有一些日子里的阳光比另一些日子里的更明媚，它通过完美地照耀物体，把我们身边所有的物体都突显出来，并用最少的布置把家里看起来很讨喜的水果、花朵或物品变成了静物。阳光，有直接的、间接的、暗淡的、阴沉的、高至天空的、低至地平线的，它以如此自然的方式洒满我们的房间，以至于我们完全没有注意到它。这有点遗憾，因为这种光线在许多情况下是最有效的光线。为了说服自己，只需要去看一眼弗美尔的全身肖像画作，或者卡拉瓦乔（Caravage）的画作及他的静物画《水果篮》（Corbeille de fruits），这些都清楚地表明了我们早在 400 多年前就已经研究过光线并从中获得了好处。

研究并利用阳光是个有趣的智力锻炼，当我们不具备阳光的环境，或者想要固定某一个时间的阳光来精心修饰拍摄布景时，通过了解阳光，能在之后更成功地把它复制在摄影棚里。这个不稳定性就是它最大的缺点：一片云彩能在很短的时间内改变光线，连地球自转都会让我们在片刻丢失完美的光线角度，所以一旦我们找到感觉了，就要立刻拍摄。

取　景

水果只是放在桌子一角，就吸引了我的注意。因为光线（1）从右侧玻璃窗射入，我放了一块白色反光板（2）重新打亮在很深的阴影里的石榴的侧面。这块反光板被放在水果后面，朝向水果，而朝向我们的部分则显得更深，用更强的光为石榴塑形。接下来，构图安排为梨和石榴从背景中最浅的区域中显现出来。曝光没有什么特别的问题，因为相机被固定在脚架上。景深对应的光圈值为 f/11，焦点在第二个核桃上，在差不多前 1/3 的清晰区域。

后期制作

照片被重新裁剪为一个不那么长的尺寸，然后用去色工具调整为黑白照片，随后按不同区域重新处理对比度和灰度。使用了一个柔化滤镜，这使得部分对比度丢失，故在最后处理整张照片时重新调整了对比度。

光源：日光。
调为黑白照片或灰度双色调模式。

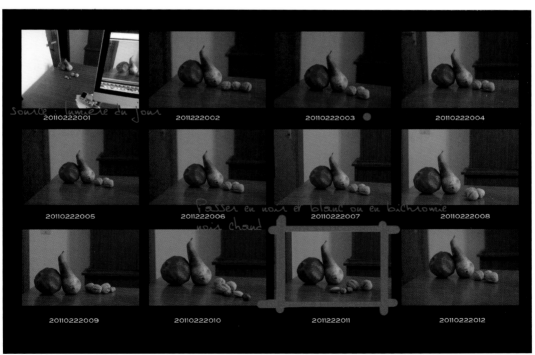

拍摄方案 94

使用设备

背景	室内
主光	自然光（1）
辅光	250W 家用白炽灯（2）
遮光板、反光板、滤镜等	
机身	尼康 D2Xs
镜头	尼克尔 12—24mm *f*/4　使用焦距：16mm
全画幅 24×36mm	约 18—36mm　使用焦距：24mm
感光度	ISO100
快门速度	2s
光圈	*f*/4
特殊说明	各种色温不兼容 / 混合在（3）的位置

如果想把图例照片拍成彩色照片，可能会遇到一个问题。事实上，为了形成主光（1）的阴影，也就是玻璃门的阴影，打开了一盏放在客厅里的 250 瓦白炽灯（2）。由于这些光源的色温不同，所以它们互不兼容。用 Lightroom 软件检查，取景时日光的色温显示是 5000 开，而白炽灯的色温显示是 2650 开（这是一种色彩的混合，是由天花板反射的光线和老化的白炽灯管产生的。这种白炽灯的色温一般在 3000 开到 3400 开之间），所以不能兼容。如我们这里注意到的，两种光源会在他们混合的地方（3）造成很难处理的混乱布光效果。如果白平衡定位在家用灯光上，那么就会形成蓝色；相反，如果定位在日光上，就会形成橘红色。在现在这种情况下，如果我们一定要拍彩色照片的话，可供选择的解决方法是：要么过滤白炽灯光以增加它与日光相差的 2350 开色温；要么把这盏白炽灯换成日光灯，比如一盏简单的摄影灯，像落地灯一样指向天花板；要么过滤日光等。经常会面对这样问题的电影拍摄专家们毫无困难地就能处理这种问题，他们很有可能有别的解决方案，为此确实用了一些方法，而这些方法的成本可能会远远超过咱们的预算。

最简单、经济的方法肯定是选择拍黑白照片了！

取 景

照片是在 5 月 11 日 21 时拍摄的，也就是说日光开始大幅度西斜了，因此用感光度 ISO100、快门速度 2 秒和光圈值 f/4 拍摄。因为照片是要处理为黑白的，所以混合的色温不构成问题，与其浪费时间去使用一个光线与日光相近的摄影棚里的摄影灯，不如就此决定满足于使用房间里的白炽灯来打出阴影。使用一个脚架，并且相机的反光镜设置为预升模式，使它不会出现弹起的晃动而损害清晰度。考虑到使用的焦距，光圈值 f/4 对应的景深效果就足够了。使用更小的光圈以获得镜头更好的效果会使得曝光时间迅速增多。光圈每缩小一挡，都会让曝光时间加倍：2 秒、f/4，4 秒、f/5.6，8 秒、f/8，16 秒、f/11，以此类推。所以因相机晃动产生的模糊影响到拍摄质量的风险也是很大的。

后期制作

调整为黑白照片后，画面上最小的瑕疵也被清理掉了，然后对整个身体磨皮，用高斯模糊镜柔化照片。调整不同区域的对比度，减弱身体的对比度，增强地面的对比度等。最后调整灰度。

拍摄方案 95

使用设备

背景	涂成灰色的木板和白色的塑料板（2）
主光	85W 节能灯泡（1）
辅光	
遮光板、反光板、滤镜等	50×100cm 反光板（3）
机身	尼康 D2Xs
镜头	尼克尔 S 55mm *f*/1.2
全画幅 24×36mm	约 82mm
感光度	ISO100
快门速度	1/3s
光圈	*f*/2

在几年前的威尼斯双年展[4]（地点有点拿不准）上，我看到过一幅超现实主义油画，作者的名字我忘记了。画上是一个放在黑色背景前的白色洗衣液瓶。这个画面吸引、诱惑了我，并且打开了我的眼界，欣赏到家用产品的瓶子那被低估的美丽。不管是用来擦瓷砖地面或木地板的，还是洗洁精、清洁剂、洗衣液或沐浴液，它们的包装瓶都很漂亮。

不是说这成了一种强迫症或我唯一的热爱，但还是得说自从这次威尼斯之旅后，也是因为要分类垃圾，我再也没有不经过认真观察就扔掉任何一个容器。我贮存了仔细审查过的样本，它们的颜色和形状在我看来特别平衡和自然，可以与我收藏品里别的瓶子相结合。

我收集它们、收藏它们，把它们排列组织起来。因为单独使用它们在我看来是尊重别人的劳动成果，像这样组合起来拍摄就是尊重别人创造的设计。它们也是很上相的，所以那个构想了它的颜色和线条的人拥有拍摄展览它的权利也是很合理的。

另外，我一直都喜欢乔治·莫兰迪。

4．译注：威尼斯双年展是一个拥有上百年历史的艺术节，是欧洲最重要的艺术活动之一。

取 景

可以简单认为这个拍摄对象就是要应对的全部挑战。至于布光，只用了一个光源：一盏85瓦节能灯（1），它能发出跟传统450瓦灯一样的光线。这些灯泡又长又厚，用的是不透明的光滑玻璃，因此它的光线比用钨丝加热发光的灯泡更容易发散。不带灯罩的灯泡被放在不会在容器的塑料上制造恼人的反光的位置。背景是白色的（2），一块宽塑料反光板（3）反射了光线并消除了对比度。背景被放在尽可能远的地方，随着光圈的调节变得模糊，它表面的瑕疵也就减少了。有这个效果的镜头是尼

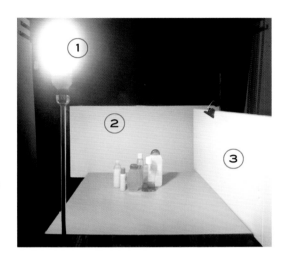

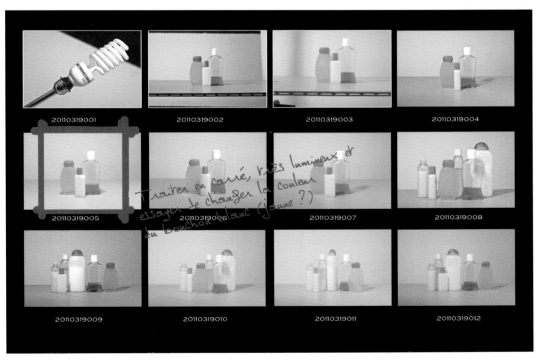

20110319001	20110319002	20110319003	20110319004
20110319005	20110319006	20110319007	20110319008
20110319009	20110319010	20110319011	20110319012

处理为正方形，亮度很高，尝试改变白色瓶盖的颜色（黄色）。

克尔 S 型最大光圈值为 $f/1.2$ 的镜头，这是一款全光圈的出色镜头。全光圈这一特性就已经让这款镜头注定被划归在优秀镜头一类里了，但是当使用光圈 $f/2$ 时，这款镜头的表现就不只是优秀，而是卓越。

后期制作

除了轻微修改对比度和色彩饱和度外，后期我没做太多的修改。右边瓶子里的绿色液体被打亮，瓶子的瓶盖最开始是白色的，被调成这个看起来更协调的黄色。

拍摄方案 96

使用设备

背景	灰色背景纸（实际上是一个不讨喜的栗色背景，用在黑白照片里呈现出灰色）（3）
主光	透过玻璃窗射入的自然光（1）
辅光	
遮光板、反光板、滤镜等	银色反光板（2）
机身	尼康 D2Xs
镜头	尼克尔 80—200mm f/2.8　使用焦距：100mm
全画幅 24×36mm	约 120—300mm　使用焦距：150mm
感光度	ISO100
快门速度	1/10s
光圈	f/2.8

当我建议使用脚架拍摄时，经常有人跟我说它在任何情况下都不应该被划分到"配件"的范围内。与其说它有用，还不如说它太笨重。我们可以轻易脱离它，通过调整感光度、光圈，甚至两者结合用手持形式拍摄。有些人甚至信誓旦旦、颇为自豪地说，通过降低快门速度到 1/10 秒、1/15 秒甚至更低，用手持相机的方式而不会产生任何晃动。

为什么不呢？我不是在这里来激怒相信这个理论的人的。所以我只是要强调说坚持使用脚架只是我个人的看法，我不仅经常在拍摄时使用脚架，而且就我配备的脚架的体积而言，在摄影棚（柱状脚架 IFF）或者在室外 [Bilora 三脚架或捷信（Gitzo）三脚架]，这些铝制的

款式都是用来拍摄大尺寸照片的，它们的设计就是为了结实稳定，而不是小巧或者轻便。

为什么？有很多原因：首先，如果不使用脚架的话，会有降低曝光时间，最后降到最小焦距值允许的范围之外的风险，这样就有点得不偿失了（1/60 秒对应 50 毫米、1/250 秒对应 80—200 毫米、1/500 秒对应 500 毫米等）。这是个有可能通过降低光圈值或提高感光度的方式补偿回来的限制。然而，后面这种可能性在我看来不应该运用到这里讨论的这类照片上，因为它是用来拍人体照、肖像照或静物照的，我们可以在心情平静的时候拍摄，除非想要获得特别的效果，否则就没必要通过提高感光度来浪费图像文件的质量。

相反地，当情况需要时，一切方案都可以尝试。没有人会指责罗伯特·卡帕（Robert Capa）用银盐相片见证诺曼底登陆的时候"相机晃动"了，很明显他调整的感光度、快门速度和光圈跟我在这里系统地介绍和推荐的是截然相反的。

所以我们还是避免通过调整感光度来降低机身支持的最低焦距值这个方法吧。因为即使是质量上乘的专业镜头，如果使用最大光圈拍摄，效果远不如使用与最大光圈相比大 3 到 4 挡光圈值拍摄出的效果。

先把这些放在一边不提，脚架还有其他优点，其中一个就是如果把它与长焦镜头结合起来使用，我们可以离被摄对象远一些，让他更好地呼吸和放松。感觉到自己被透过一台相机窥探着，而且相机还挡住了那个想要给自己拍照的家伙的脸，这让我们肖像照中的临时小模

特很紧张。把脸露出来，跟他谈论他感兴趣的话题，而不是谈论姿势和摄影，这样能让他忘记相机的存在，我们也会更容易拍出让他父母喜欢的照片。

处理为黑白照片，提高毛衣的对比度和灰度，脸部也用同样的设定值，查看脑后方头发的灰度。

取　景

　　取景是在 12 月某天的 14 点完成的。窗户朝阴面，天气阴暗，没有太阳。一旦模特上半身被摆在对着玻璃窗的方向（1），能制造和测定阴影打在毛衣和脸部的比例的位置之后，把反光板（2）放在身后，只在脑后方形成阴影。

后期制作

　　几乎没有任何修改，除了照片用高斯模糊滤镜柔化，这也使得最后必须重新调整不同区域的对比度和灰度。

一点闲言碎语，关于展览、关于售卖、关于对你的作品的评判

拍摄照片是种乐趣，同时也是个我们通常喜欢分享结果的"工作"。这种拍摄难道不是事实上的完完全全的"艺术作品"吗？为什么我们就没有那些在周日或节假日作画的作家或住在离你家没多远的摄影师那样对自己的作品那么自豪呢？橱窗放着一些结婚的新人的照片，我们有时会寻思这些照片是不是在开玩笑或是出于对没付钱的人的报复；或是某个活动的概念摄影，我不说摄影师的名字，他展出了几张这样的照片，老实说，敢承认这几张照片是自己拍的还挺不容易的。

应该展示什么？

40多年来，我记住并一直在践行法国摄影协会其中一个参与者的建议，我是这个协会的成员，那时它的办公地点还在巴黎的蒙塔龙贝路（Montalembert），我们在那里进行的是今天称之为解读摄影集的活动。展示的照片被这个参与者毫无恶意地评定为"狗屎"的情况并不少见——这个参与者是位有名的摄影师，但我想不起他的名字了，不过我很真诚地感谢他给我们的基于渊博知识的有理有据的建议，这都是他的经验和见识的结晶。

他给我们限定的规则特别简单：永远不要展示我们不是百分之百满意的照片。如果我们发现照片在某一点上有不可弥补的缺陷的话，那就别无他法，只能扔进废纸篓了。

当然，从拍摄技术的角度来看，所有都应该比完美还要完美。

我重温了在这个可敬的协会得到的建议，并且让它们与时俱进地进行了更新。那时的学院派在如今已经不流行了，但我刚刚说到的拍摄手法并没有过时，甚至更甚以往。如今我们拍摄是为了更多的展示，由于摄影技术的极大发展，也使得我们可以摆脱那些关于镜头使用和关于化学课程的学习而不会带来任何问题，有人会说我错了，但这些课程在我看来没什么用，而且枯燥乏味。

总结一下，这是我的规则及其原因：

1. 如果当你开始展示一张照片时，觉得有需要明确指出某一点可以改进，那就不要展示照片；重新拍摄照片，缺点被改正后再展示它。

2. 照片的内容是你的个人选择。如果你的喜好是让目光固定在相框的左角或者一条与相框下边缘齐平的水平线，如果你喜欢在海景中让这条水平线倾向右边或左边，如果你喜欢与现实不符并且不自然的颜色：那么继续做你喜欢的事！（只有当这本你正在翻阅的书是属于你的，或者已经付钱买下来的情况下，才用黄色荧光笔划出这个感叹句）只要坚定地承认并解释这些颜色或这个构图是符合你的想象的就可以了。这些想象，只要没被证明是错的，就应该像已故的莱昂纳多·达·芬奇（Leonard de Vinci，这位艺术家可不是个蹩脚的喜剧演员可以被随意嘲弄）的作品那样被尊重，或是离我们年代更近的摄影俱乐部主席的《尼塞福尔的朋友们》（Les amis de Nicéphore）那样被尊重。后者更是把自己的艺术奉献给了精心拍摄腹足纲蜗牛照，他毫无保留甚至有些自豪地炫耀蜗牛对另一半不忠的双重证据，这也是

它们鹿科远亲（它们不大可能是远亲）的风俗。这得为它们辩护一句了，我们要知道蜗牛类，不管是勃艮第的还是其他地区的，都有一个相当复杂的性征，不是所有人都知道这一点的。

总结第 2 点：如果说照片本身的内容无可挑剔，那么承载它的介质也应该无可指摘。你的照片在技术层面上不应该有任何缺陷，也就是说，图像文件的质量、成片的质量和印刷的质量都要完美无缺。如今的工具，由于高效和使用便捷，使得展示一张还有最不起眼的瑕疵的照片在今天完全不被接受——最不明显的"墨渍"，那些把两只手从连二亚硫酸盐溶液中拿出来的怀旧者会这样称呼他们照片上的瑕疵。

在你周围测试

对你的照片进行分类和严格的挑选。然后把它们展示出来，这能让你获得一些它们被如何看待的指标，然后尽量展示其中最不受批评的作品。

差不多有 80% 欣赏你的照片的人是不怎么了解或完全不了解艺术摄影的，经常对他们不熟悉的地方、事物或脸孔的照片毫无兴趣。他们觉得有麦田里的虞美人的照片就是棒极了的照片，尤其是还有一只蜗牛的时候，最好是小蜗牛还爬在植物的茎秆上。他们会跟你说他们给自己的猫拍的照片应该让他们被授予宠物摄影师的荣誉勋章，这些照片应该出现在邮局的日历上，这些小小的宠物最好窝在柳条编的篮子里。

你要当心那些毫无底线恭维你的人，因为很可能经常是出于跟摄影无关的目的的。比如，可能是想让你在第二天下午修剪柏树的女士，或者是需要你在下周一凌晨 1 点送他去机场的男士。

总之，享受并迅速地看完那些积极的或过于积极的评论，然后停留在那些不那么谄媚或完全不谄媚的评论上。事实上，在度过由尖锐或过分的评论所引起的恼火的最初阶段之后，剖析评论说了或写了什么。有时，即使是在最极端或非常带有偏见或敌意的言语中，你也会发现能让自己改善构图的一个点或者改正自己漏掉的一个严重的细节的恰当的批评意见。

考虑了意见和建议及要修改的错误，你现在要做的就只剩下扩大展示照片的圈子了，为此有两种主要方式：网上（已经变成交流不可或缺的一种工具了）和展览。

网　上

在网上发表可以有很多种方式。

请注意：当你把一张照片放到网上，它就不再是可控的了，没有人知道会有什么样的结果。所以，如果这张照片是模特可被认出的肖像照或人体照，首先在放照片之前，你需要有一份模特签字的同意书，并且模特要非常清楚整件事的来龙去脉。这不仅仅是一张照片的版权问题，还是一个礼貌、教养和常识问题。

个人网页

如今借助网上的各种工具，可以很容易地做出个人网页，放在网络运营商提供给你的个人空间里。这种免费的方法很好用，唯一的难题是如何在谷歌上进行搜索引擎优化，这样可以让不认识你的人也能找到并浏览你的网页。

为了能让你的网站个性化，一个这类的域名（www.jeanturco.fr）每年花不了多少钱。注意不要忘记准时更新租约，因为如果这个网站被黑了，你的名字就有被坏人"偷走"的风险。随后，你的名字就会被肆无忌惮、毫不知耻地用在增加点击量上。十几年前，我的网址www.jeanturco.com 就遇到过这样的情况，现在这个网址还写在一个跟我没有任何关系的大门上。不要浪费时间和金钱在提起诉讼上，除非你把这当作游戏，或者这种消耗精力能给你带来满足感。

专业网站的画廊

还有一个办法：有一些网站，比如 www.itisphoto.com 这个传说中出色的网站为你提供免费的在线画廊，让你可以展示照片并在你不喜欢这些照片时换掉。这个方法很有效，因为它让你能够立刻被网站上的常客注意到。不可忽视的优点是，你即刻就能享受到网站的搜索引擎优化。我刚刚提过的 Itisphoto 网站就有这样的情况，每天的浏览量很大，尤其还有一些可以跳转到这个网站的外部链接。搜索引擎的算法可以抓取到网站画廊的信息，它们经常更新这些标准以确保信息总是能被抓取，并把它们放在与摄影相关的无数搜索结果的首页上。

论　坛

另一个展示的方式是通过专业摄影论坛。在放上照片之前，用一两周时间量度这些论坛的"体温"，因为有时候这些论坛可能是一小撮原教旨主义者的大本营，成员们自娱自乐，很难接受有人来反驳他们的喜好和言论。论坛挑选好了，了解并接受了它的运行形式之后，我们会在网上遇到一群充满热情的人经常用令人惊奇又简洁明了的言语表达自己的想法。他们很少会在评论的质量上有什么建树，但他们的评论会让人思考展示的照片其真正的优点所在。

Facebook 等社交网络

我们能找到各种各样的社交网络，要使用它们才能完美了解它们的运行方式。尽管在我看来这不是最理想的"曝光"地点，但在上面放几张照片来展示你的技巧作为参照，或者了解到真正的摄影作品展览网站——个人网页或在线画廊，也是有趣的，社交网络可以作为展示的"橱窗"。

网上的盗图

没有任何有效的系统能保护网上的照片不被盗图。如果有不厚道的人想把照片据为己有，没有任何版权保护（很容易被擦掉）或者其他妨碍直接保存的方法能让他放弃；如果别的方法显示不可行的话，盗图者总是可以放大觊觎已久的照片然后截屏。

在网上放压缩的照片：将 700 到 900 像素压缩到 72dpi，这个压缩不是技术性的炫耀，而是至少能保证让这些不正直的人只能在网上使用而不能在别的地方使用。

从前文我们可以明白，如果我们不想被盗图，只有一个解决方法：不要把图放在网上！但思考一下，害怕有可能存在的盗图，被盗的图除了在网上能用，其他地方都不能使用，这种担忧是不是足够让我们放弃给全世界数亿网友提供欣赏我们作品的可能性的快乐呢？

总之，我坚信在网上放照片利大于弊，通过这种方式我实现的交流的代价就算是几张照片被盗也值了。

当这样的不愉快发生在我身上时，我总是往好处想，至少我还有一个真正的倾慕者，因为他喜欢我的照片喜欢到忘记了道德和法律。然而为了称赞他的优秀品味，我从不会忘记给这种没有公德的始作俑者写一封带着账单的邮件。（"没有公德的始作俑者"是对不合群的坏人的非常正确的称呼！）

展　览

首先，要相信展览得越多，你就有越多的机会被邀请参加展览。

但要注意，邀请是源源不断的。我说的邀请是指为你提供展览场所的邀请，而不是那些"给 XX 准备的陷阱"式的邀请 ["给 XX 准备的陷阱"，才华横溢的巴桑（Brassens）可能会毫不避讳地这样说]，在跟你保证是被你的作品所吸引才请你来展出一两张照片，放在场地里两三百张其他照片的中间，不过说摆放更贴切。这个展览一般只会被参展人和他们的亲朋好友参观。如果我说"为您提供"，这当然只是一种说法，因为你享受这个"通常而言非凡卓越的"机会需要交的"材料费"往往只是这个活动组织者的报酬而已。

这就是说，可能还需要一段文字来解释应该展示什么、在哪里展示以及怎么展示，这可能会在另一本书里详细叙述，不过我们可以快速回放一遍以总结一下不可或缺的重点。

1. 照片的选择。

首要的就是展出一系列或几个系列的照片，从 15 张到 30 张不等，在主题层面、处理层面及展览层面，组成一组和谐的照片。

2. 相框。

除非是概念性的（注意，这种经常要很审慎），否则避免太过小气的做法。比如相框里的照片用夹子固定，相框衬纸是用折页文件夹剪出来的，用晾衣夹固定，胶带黏在板子上，等等。所有这些都可以在幼儿园的联欢会、不同的俱乐部或协会的宴会上被接受，因为预算不足，得用手边的资源"拍摄"。

如果这些被接受了，是因为这些方法展示了一些对看它的人而言有情感寄托的照片，比如用橡皮泥捏的项链或母亲节时的彩色烛台，这是想象自己孩子的制作场景而引起的情感，而不是由照片引起的。

我们的情况是，展览针对的参观者理论上并没有跟照片的作者有情感联系，应该给他展示一整套因素，从照片到相框，让他能想象这个作为礼物，或者挂在客厅、卧室或办公室的某面墙上的场景。

当你的名字在维基百科上跟阿维顿、安塞尔·亚当斯（Ansel Adams）、纳达尔（Nadar）、卡蒂埃-布列松（Cartier-Bresson）、罗伯特·卡帕（Robert Capa）或让-鲁普·西夫的名字联系在一起时，人们就会买你的照片，哪怕它被包装放在不合尺寸的回收纸箱里！不过现在嘛……

3. 广告宣传。

如果你不谈论或者人们不谈论你的展览，那就没有人（除了几个朋友）会来。所以应该做一个关于展览活动的宣传，比如发传单、小布告或在展览地点周边贴海报。最大限度地动员社交网络，比如 Facebook 等，以及媒体或地方媒体。这可能意味着一份真正的工作和不容小觑的投资。

4. 开幕式、广告、介绍、冷餐会、目录等。

开幕式

通常来说，这是在照片售卖的时候。为了增加销量，现在我们也会在展览中和闭幕时分别举办一次活动，这一切都是为了增加与业余爱好者及艺术品买家会面的机会。

这些会面很重要，比售卖更重要，它们证明了展览的价值。你也会利用它来邀请所有可能会欣赏你的作品，或者来探索发现你的作品的人。其中一个最重要的结果就是通过售卖使摄影盈利，我们后面会说到，做展览是要花钱的！

评论家的介绍

我在意大利度过了一年中的大部分时间，在开幕式时，摄影师和他展览的作品都会被一名艺术评论家介绍。这个做法很有趣，因为他不仅可以启发新入门的摄影师，还可以让你在感谢词里解释你的方法和计划。此外，它还赋予了展览的重要性，不要忽视这一点。对记者而言，一份艺术评论的复本是一篇好文章的基础，他可能想在当地日报的"艺术与文化"栏目里写上几行字。

冷餐会

它是根据展览地点安排的。避免食物过多或过少，参考当地通常的做法。什么都准备好比显得太抠门要好，如果参观者想要桑萁基尔酒或者一把花生，但没有的话，跟他解释说晚宴供应商会晚点到，因为堵车了，然后再把他引向旁边的吧台，吧台的墙壁装潢可能会满足他对好看的作品的渴望。

签名册

选一本便宜的签名册，然后准备很多支笔，因为它们会被大量消耗的。

一个目录图册？

如果展览的作品数量很多，可以做一个目录图册，但很难找到一个合作者（公司、市政府、省政府、区政府等）来协助。通常来说，在你当场签名题词的时候，目录图册会卖得相当好。不要印太多，因为人们会期待你赠送给他们，这会很快让你的预算超支的。

买单！

即使租好了场地，一个展览也总是应该在开始筹办前估计一下开支。为了有一个更清楚的关于花费的概念，想想如果你冲印和精心装框挂在客厅的一幅作品花了 50 欧元、100 欧元或 150 欧元，那么它的价钱就应该定在这个成本价的 20 到 30 倍……只是照片而已！很惊人，不是吗？

照片售卖

文森特·梵·高（Vincent Van Gogh）每周都在作画，画了 2000 多幅油画和素描，其中《加歇医生的肖像画》（*Portrait du Docteur Gachet*）拍卖到 8200 万美元，而他在生前除了一幅《红葡萄》（*La Vigne Rouge*）之外，其他一幅画也没卖出去！

所以不要惊慌，保持你的耐心，跟自己说，如果作品的滞销程度接近梵·高了，那么在艺术这个领域一切都可能发生，不要降价卖出作品。你不是纸张批发商，不要把自己的照片像卖纸一样贱卖出去。

要明白这样一个事实，人们习惯于断言"不贵的东西就是毫无价值的东西"，如果你一定要坚持出手自己的作品，还是免费赠送而不是以一个低得离谱的价格让它贬值吧！

泄气了吗？

永远不要泄气。因为如果你不迈出这一步，在 99% 的情况下人们是不会去认识你的！

拍摄方案索引

N：自然光

C：持续光

F：电子闪光灯

数字表示光源的数量

肖像照

拍摄方案 1　N1

拍摄方案 96　N1

拍摄方案 8　C1

拍摄方案 13　C1

拍摄方案 40　C1

拍摄方案 22　C2

拍摄方案 42　C2

拍摄方案 47　C2

拍摄方案 54　C3

拍摄方案 24

拍摄方案 31　C4

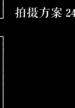

拍摄方案 26

拍摄方案 52　F1

拍摄方案 32

拍摄方案 57　F1

拍摄方案 34

拍摄方案 6　F2

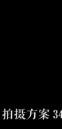

拍摄方案 39

拍摄方案 20　F2

拍摄方案 51

拍摄方案 66　F2

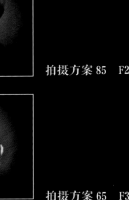

拍摄方案 85　F2

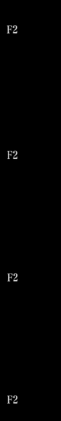

拍摄方案 69　F2

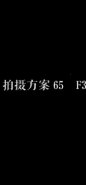

拍摄方案 65　F3

拍摄方案 72　F2

拍摄方案 91　F3

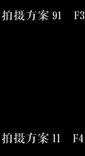

拍摄方案 77　F2

拍摄方案 11　F4

拍摄方案 81　F2

拍摄方案 59　F4

拍摄方案 28　Cl

方案 7　Nl

拍摄方案 35　Cl

方案 93　Nl

拍摄方案 38　Cl

方案 2　Cl

拍摄方案 48　Cl

方案 14　Cl

拍摄方案 60　Cl

拍摄方案 73　Cl

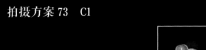

拍摄方案 74　Cl

拍摄方案 79　Cl

拍摄方案 82　Cl

拍摄方案 84　Cl

拍摄方案 86　Cl

拍摄方案 88　Cl

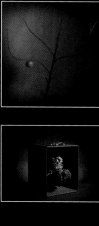

拍摄方案 53　C2

拍摄方案 45

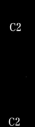

拍摄方案 71　C2

拍摄方案 67

拍摄方案 68

拍摄方案 19　F1

拍摄方案 76

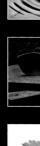

拍摄方案 30　F1

拍摄方案 25

拍摄方案 41　F1

拍摄方案 33

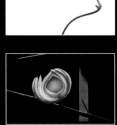

人体照

拍摄方案 43   N1

拍摄方案 94   N1

拍摄方案 36   NF1

拍摄方案 17   C2

拍摄方案 12   F2

拍摄方案 15   F2

拍摄方案 46   C2

拍摄方案 56   C2

拍摄方案 10   F1

拍摄方案 21   F1

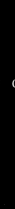

拍摄方案 5   F2